变通

马浩天 著

苏州新闻出版集团

古吴轩出版社

图书在版编目（CIP）数据

变通 / 马浩天著. -- 苏州 ：古吴轩出版社，
2023. 11
　　ISBN 978-7-5546-2223-0

　　Ⅰ．①变… Ⅱ．①马… Ⅲ．①人生哲学－通俗读物
Ⅳ．①B821-49

中国国家版本馆CIP数据核字（2023）第200742号

责 任 编 辑：顾　熙
见 习 编 辑：张　君
责 任 照 排：林　兰
装 帧 设 计：尧丽设计

书　　　名：变通
著　　　者：马浩天
出 版 发 行：苏州新闻出版集团
　　　　　　古吴轩出版社
　　　　　　地址：苏州市八达街118号苏州新闻大厦30F
　　　　　　电话：0512-65233679　　　邮编：215123
出 版 人：王乐飞
印　　　刷：天宇万达印刷有限公司
开　　　本：670mm×950mm　1/16
印　　　张：10
字　　　数：92千字
版　　　次：2023年11月第1版
印　　　次：2023年11月第1次印刷
书　　　号：ISBN 978-7-5546-2223-0
定　　　价：42.00元

如有印装质量问题，请与印刷厂联系。0318-5302229

序
PREFACE

　　俗话说"好事多磨"，越重要的事情越难以完成，而得到的回馈也往往越巨大，值得我们用心去做。《易经》中说"穷则变，变则通，通则久"。这句话告诉我们在做任何事情遇到阻碍的时候都可以试着变通，而不是在一件事情上死磕。如果认为有些事情无法变通，那是因为缺乏变通思维，是人的问题。只要转变一下思维方式，就没有解决不了的问题。树挪死，人挪活，善于变通的人，最容易成事。

　　变通成事的法则既体现了锲而不舍的精神，也体现了灵活应变的思维模式，这些正是事业有成的诀窍。一个有远见、有能力、有方法的人，会该变就变，不因循守旧，该行动的时候就行动。哪怕兜兜转转，也能够到达彼岸。

　　但是所谓变通并不是乱行动，而是有原则、有方法、有底线的。一是有一定的知识、经验的积累，用智慧的眼光看世界，思维会转弯；二是行动上要有多套方案，能进能退，能应对各种突发状况；三是能掌控自己的人生，不让自己的人生方向失去控制。我们应该根据当时的情况进行判断，把以往成功的经验进行转换，融入新的东西，把不合时宜的东西丢出去，取其精华。如此，我们就会走在时代的前列，把以往的道理、经验当成我们成功的垫脚石，我们就会超越很多人。

目 录
CONTENTS

第七章 → 讲家庭：婚姻很重要，但别丢了自己

第一章

讲做人：你可以执着，但不能固执

让一步才会更进一步

以退为进，由低到高，既是自我表现的一种艺术，也是生存竞争的一种方略。这是一种大智慧，如果运用得好，会让你受益匪浅。

汉代公孙弘年轻时家贫，后来虽位列三公要职，但生活依然十分俭朴，睡觉只盖粗布被子。就因为这样，大臣汲黯批评公孙弘位列三公，有相当可观的俸禄，却只盖粗布被子，实质上是沽名钓誉，骗取俭朴清廉的美名。

汉武帝便问公孙弘："汲黯所说的都是事实吗？"公孙弘回答道："汲黯说得一点没错。满朝大臣中，他与我交情最好，也最了解我。今天他当着众人的面指责我，正是说中了我的缺点。我位列三公而只盖粗布被子，确实是沽名钓誉。如果不是汲黯忠心耿耿，陛下怎么会听到对我的这种批评呢？"汉武帝听了公孙弘的这一番话，反倒觉得他为人谦让，就更加尊重他了。

公孙弘面对汲黯的指责和汉武帝的询问，并不辩解，而是承认，这是何等的大智慧呀！汲黯指责他沽名钓誉，骗取美名，无论他如何辩解，旁观者都已先入为主。公孙弘深知这个指责的分量，采取了十分高明的应对策略：不做任何辩解，承认自己沽名钓誉。这其实表明他至少现在没有使诈。而这一点得到了指责者和旁观者的认可，也就减轻了罪名的分量。公孙弘的高明之处，还在于对指责自己的人大加赞扬，夸他忠心耿耿。这样一来，便给皇帝及同僚们留下这样的印象：公孙弘确实是宰相肚里能撑船。既然众人有了这样的想法，那么公孙弘就用不着去解释他沽名钓誉了，因为这不是什么政治野心，对皇帝构不成威胁，对同僚构不成伤害，只是个人对清名的一种追求，无伤大雅。

在必要的时候，以退为进是自我表现的一种艺术，也就是所谓"暂时的让步是为了更好地选择"。这更是一种韬晦之计，深谙此计的人是真正的聪明人，他们能用这种方法让自己不断进步，最终走向成功。

从某种意义上来讲，每个人都能做到以退为进。只要在与他人发生冲突时，不要针尖对麦芒，而是聪明地退一步。

这样既能化解矛盾，又说明你是一个宽宏大度的人。有时退一步，其实就等于进了两步。

其实，有时候以退为进，就好像是跳高一样，站得远，才可能跳得更高。在与他人交往的过程中，暂时的忍让、吃亏能够获得长远的利益。关键就是要不露声色地顾及对方的需要，即把对方的利益放在第一位，又为自己的利益开道。

读书的人，希望每日进步；经商的人，希望日进斗金。有的人一遇到利益，就想得寸进尺。其实，做人做事都应该以退为进，以退为进是一种处世智慧。人生追求的是圆满自在，如果只知前进，不懂后退，那他的世界只有一半；懂得以退为进的道理，可以使我们的人生更加圆满，何乐而不为呢？

· 成事要点 ·

以退为进不是真退，而是转为进，以争取获得成功。这种曲线方式有时比直线方式更有效。

你可以很聪明，但不能太精明

　　"留得青山在，不怕没柴烧"是一种"糊涂"的智慧，是韬光养晦的体现。当人处在某种险恶的形势下，而又无可奈何时，"糊涂"的智慧可以起到应付时局、摆脱困厄的作用。

　　在我们的生活中，适时地装糊涂是一种达观、一种洒脱、一份人生的成熟、一份人情的练达。懂得了这一点，我们才能挺起脊梁，沐浴着温柔的阳光，到达希望的彼岸。而那些不懂得"糊涂"的智慧的人则很可能会与成功擦肩而过。

　　在我国古代历史上，要说起贤相，有两个非常著名的成语，一个是"萧规曹随"，另一个是"房谋杜断"。"萧规曹随"说的是西汉初，曹参继萧何为相，萧何制定的规章，曹参遵行不改；"房谋杜断"说的是唐朝贤相房玄龄、杜如晦，房玄龄多谋，杜如晦善断。这四位是中国历史上有名的贤相，而曹参正是一位"糊涂"的贤相。

曹参本来是沛县里的一名小吏，跟随着刘邦起义，攻城略地，"身被七十创"，是一位十分勇猛的将士。曹参与萧何本来关系很好，在萧何当上了相国之后，两人之间便产生了隔阂。可是萧何临死，偏偏推荐曹参接替相国之位；而曹参在山东一听说萧何死了，马上就叫人准备行李动身，说自己要当相国了。可见这两人的自知、知人之明，都是非同一般的。

曹参当了相国后，把那些一心追求声誉的人全部赶走了，而找了一些质朴忠厚的人当下属，然后就什么都不干了，"日夜饮醇酒"。别的大臣看他太不务正业，想劝劝他，还没等开口，曹参就强拉人家一起喝酒，把人家灌醉。惠帝看他这副样子，也很不理解，担心曹参认为他还年少，不值得辅佐，就把曹参的儿子找来，让他回去问父亲："高祖刚驾崩不久，天子还年轻，您当相国，却整天喝酒，是不是不关心国家大事啊？"曹参的儿子回去问曹参，曹参打了儿子二百板子，发怒说："国家大事没你说话的份儿！"惠帝没有办法，只好在上朝的时候，说是他让问的。曹参免冠谢罪，问惠帝道："陛下觉得您比高祖如何呢？"惠帝说："哪儿敢相比呢。"曹参又问："那么您看我和萧何谁更贤能？"惠帝说："您似乎不如他。"曹参在这时便说道："既然这样，先帝与萧何平定了天下，制定了法令，如今您垂衣拱手，我谨守职责，遵循原有的法度不变，不是很好吗？"惠帝觉得曹参说得有道理。曹参就这样为相三年之久，老百姓歌颂道："萧何为法，顜若画一；曹参代之，守而勿失。载其清静，民以宁一。"

太聪明的人，有时使人不敢接近；太精明的人，有时使人觉得害怕。难得糊涂，可以使人看到其缺点，放心感增强。装糊涂，有时候只不过是为了今后处理事情时更加方便，但这并不意味着自己真的不知道，或者不应该知道，不去了解情况、掌握信息。这才是真正的大智若愚。

而社会上更多的人，却常有一种不拿白不拿、不吃白不吃的贪婪。殊不知，这种贪婪不仅损害了他人的利益，还会使他人反感。或许他人可以容忍你的行为，不在乎你的贪婪，但如果你懂得适可而止，他会对你有更好的印象与评价，从而愿意延续和你的关系。

·成事要点·

留得青山在，不愁没柴烧。在这个竞争激烈的社会，学会"糊涂"的智慧是很有必要的。

给人留面子，就是给自己挣面子

在生活中，每个人都会犯一些错，有些人一旦发现别人的错误，便会大声指出，就算是不值得提的小事，他们也会将其当成大事对别人说。这样的人往往会惹别人烦，因为他们的话伤了别人的面子。我们如果不想招人烦的话，就要学会给别人留一点儿面子，给自己留一条后路。

中国有句俗话："人要脸，树要皮。"这说明"脸"在人们的生活中极其重要。但这里的"脸"不是指人们可以看得见的那张脸，而是指看不见、摸不着的脸面，即面子。

面子代表着一个人的人格和尊严。给了面子，就是尊重了人格；扫了面子，就是侵犯了尊严。因此，人们向来很重视面子问题。所以，当发现别人的错误时，我们要学会不点破。

我们在愤怒的时候，总是会说些伤害别人的话，但当我们冷静下来的时候，也许会后悔自己曾经的冲动。但是，说出去的话就像泼出去的水。俗话说"说者无心，听者有意"，一句话就很有可能伤到别人。所以，我们平时说话不能太绝，否则会被别人记恨。

在现实生活中，识破也不一定要点破，做到得理也饶人，留一点余地给得罪你的人，给对方一个台阶下。要不然的话，你不但"消灭"不了眼前的这个"敌人"，还会让身边更多的朋友疏远你。俗话说："得饶人处且饶人。"给对方一个台阶下，为对方留点面子，并不是很难做到。如果能做到的话，还能给自己带来很多好处。如果你得理不饶人，让对方走投无路，就有可能激起对方"求生"的意志。既然是"求生"，就有可能不择手段、不顾后果，很有可能会断了你的路，对你造成伤害。放他一马，他便不会对你造成致命的伤害。即使是在别人理亏，你理已明了的情况下，也要放他一马，他或许会心存感激，不再与你为敌。

而且，这个世界本来就很小，变化却很大，三十年河东，三十年河西，如果哪一天你们再度狭路相逢，届时若他势强而你势弱，你想他会怎么对待你呢？识破并点破的人不是真正聪明的人，这样的人不给别人面子，别人当然也会不给他面子，说不定还会加倍地还回来。

　　常言道："与人方便，与己方便。"在生活中，你给别人活路，别人也会适当地给你留一条后路；而如果你把别人逼上死路，别人还会给你留后路吗？这样就等于是把你自己也逼上了绝路。工作如此，生活亦是如此，要谨记：凡事退一步海阔天空。

·成事要点·

　　俗话说："蚊虫遭扇打，只为嘴伤人。"其实，人与人之间原本没有那么多的矛盾、纠葛，只是有些人为了逞一时之快，说话不加考虑，只言片语伤害了别人的自尊心，让人下不来台，别人心中怎能不燃起一股怒火？有了机会，反咬一口，也是情理之中的事。

该示弱时就不要逞强

示弱是人类生存的方式。在我们需要完成某件事情而实力又比不上对方时，示弱可以以退为进，帮助你达成目标。

有一位记者去拜访一位外国政治家，目的是获得有关他的一些丑闻。然而，还未及寒暄，这位政治家就对记者说："时间还多得很，我们可以慢慢谈。"记者对政治家从容不迫的态度大感意外。过了一会儿，仆人将咖啡杯端上桌来，这位政治家端起咖啡杯喝了一口咖啡，立即大嚷道："好烫！"咖啡杯随之滚落在地。

等仆人收拾好后，政治家又把香烟倒着放入嘴中，在过滤嘴处点火。记者赶忙提醒："先生，你将香烟拿倒了。"政治家听到这话之后，慌忙将香烟拿正，不料却又将烟灰缸碰翻在地。平时趾高气扬的政治家出了一连串的洋相，使记者大感意外，不知不觉中，记者的挑战情绪消失了，甚至还对政治家产生了亲近感。而这所有的一切，其实都是政治家故意安排的。当人们发现杰出的权威人士也有很多弱点时，过去对他抱有的恐惧感与诸多成见就会消失不见，从而为其省掉很多麻烦。

能放下架子做"弱者"，从某种意义上来说，也是人生的一种潇洒姿态。

弱与强，在某种时候，收到的效果截然相反：示弱，让人处于强势的地位；而强硬，则反而处于弱势的地位。示弱，可以是个人接触时推心置腹的长谈、幽默的自嘲，也可以是在大庭广众之下有意以己之短托人之长。如果你碰到的是个有实力的强者，他的实力明显强于你，那么你不必为了面子或意气而与他争强。因为一旦硬碰硬，虽然有可能战胜对方，但害了自己的可能性更大。因此不妨示弱，以化解对方的戒心。以强欺弱，胜之不武，是大部分强者不屑做的。

在职场的竞技中，聪明的人会隐藏智慧，这就是我们常说的"守拙"。这是掩饰自己、保护自己、积蓄力量、等待时机的人生韬略。

中国有一个成语叫"锋芒毕露"，锋芒本指刀剑锋利，如今人们用以形容聪明才干。古人认为，一个人如果看上去毫无锋芒，则是扶不起的阿斗，因此有锋芒是好事，是事业成功的基础。

在适当的场合显露一下自己的锋芒是有必要的，但是要知道，锋芒可以刺伤别人，也会刺伤自己，所以在运用的时候要小心谨慎。物极必反，过分外露自己的聪明才华会导致自己的失败。尤其是做大事业的人，锋芒毕露，尽展自己的聪明和优秀，非但不利于事业的发展，甚至还可能会因此丢了性命。

顺治十八年（1661 年），顺治帝驾崩，其第三子玄烨即位，即康熙皇帝。当时，康熙才八岁。顺治临终时便把索尼、苏克萨哈、额必隆和鳌拜四人叫来，让他们做顾命大臣，尽心尽力辅佐小皇帝康熙。

康熙年满十四岁时，有了亲政的能力，鳌拜却一点还政的意思也没有。康熙十分不乐意，一心想除掉这位压在自己头上的大臣，不愿再当傀儡。于是，他开始暗中增强自己的实力，筹划这一切。他知道鳌拜在朝廷里势力庞大，用公开的手段绝对解决不了问题，反而会激化矛盾，引来大麻烦。于是他隐藏了自己的实力，表面上一再容忍鳌拜，有时甚至装出畏惧鳌拜的样子，意在麻痹鳌拜。

康熙还一再给鳌拜一家加官晋爵，连鳌拜的儿子也当上了太子少师。对于鳌拜的蛮横无理，康熙也听之任之，从没有异议。不过，背地里，康熙招募了一批童子军。这些童子军是从权贵人家中挑选出的身强力壮的子弟，跟皇帝年龄相仿，平日里天天在一起练习摔跤。

训练童子军的事情在鳌拜看来就是小孩子的把戏，他认为皇帝也和这群孩子一样，淘气得很，不问国家大事，只知道打闹玩乐。这更让鳌拜放松了警惕，心中暗喜不已。

终于有一天，鳌拜进宫汇报这几日发生的事，却见到康熙正在和他的童子军练习摔跤。这些小孩见到鳌拜突然冲上前来，抱腰的抱腰，拧腕的拧腕，蹬腿窝的蹬腿窝，一下子和这个巴图鲁大臣较起了劲。初时，鳌拜还以为是小皇帝在跟自己闹着玩，便听凭那些娃娃掰自己的手腕，揪自己的辫子。等到这群孩子把他扳倒在地，他才觉得不太对劲，斜着眼去瞧指使他们的皇帝。只见康熙一脸冰冷，又听到小侍卫们满口怒骂，鳌拜方觉大事不妙。这时他再想挣扎已经迟了，一下子被捆了个结结实实。

康熙正是因为隐藏了自己的真正实力，麻痹了对手，才一举抓获强敌鳌拜，获得最终的胜利。

想要迅速改变自己的实力很难，但可以用示弱的方式，为自己争取有利的位置，为自己减少一些不必要的麻烦。适当地示弱，还可以减少乃至消除别人的不满或忌妒，使处境不如自己的人心理平衡，对你放松警惕。

如果凡事都逞强好胜，往往会弄得头破血流；但是如果适当示弱，则很容易被别人接受。因此，做人做事，如果懂得适时地示弱，就会成为最后的赢家。三国刘备屈皇叔之尊三顾茅庐，终于得到了诸葛亮的誓死效忠；西汉韩信忍胯下之辱，最终叱咤风云，成为一代名将；等等。这样的事情不胜枚举，他们都是靠示弱赢得了满堂彩。

示弱是一种胸怀，也是一种美德。大海之所以伟大，是因为有宽广的胸襟，它站在最低处，从不张扬，所以能纳百川。人也是如此，有时降低一点自己的"高度"，会收到意想不到的效果。

·成事要点·

对手当前，不能不抗。不抗，你必败无疑；但没有绝对的把握获胜时，也不能硬拼。此时，故意示弱倒不失为良策。在特定的情况下，公开承认自己的短处，有意暴露自己的某些弱点，可以说是高明的策略。

第二章

讲做事：进有招，退有术

01

此路不通就换一条路走

古语云："失之东隅，收之桑榆。"这告诉我们，成功的道路不止一条，如果此路不通，那么就换条路试试，或许也能实现你的目标。

一家进出口贸易公司的业务很忙，节奏也很紧张，往往是上午对方的货刚发出来，中午账单就传真过来了，随后就是寄过来的发票、运单等。财务人员的桌子上总是堆满了各种账单。在这些账单面前，他们都已经麻木了。

账单太多了，财务人员常不知该先付谁的好，经理也一样，总是看一眼就把账单扔在桌上，说："你们看着办吧。"但有一次，经理马上说："付给他。"

那是一张从巴西传真来的账单，除了列明货物的价格外，大面积的空白处写着大大的"SOS"，旁边还画了一个正在流泪的人物头像，虽然是简单的线条画，但很生动。这张不同寻常的账单一下子引起了财务人员的注意，也引起了经理的重视，他看后微笑着嘱咐道："人家都哭了，以最快的方式付给他吧。"

这家巴西的公司之所以能以最快的速度拿到大额货款，正因为多用了一点心思，以富含人情的幽默手段表达"给我钱"的意思，而从千篇一律中脱颖而出。

正是因为他深谙"此路不通彼路通"的道理，换了个思路想问题，从而在已有的道路面前，为自己开辟了一条新道路。可见，当遇到难以解决的问题时，我们可以打破常规的路径，去寻找另外一个解决问题的新途径。

美国加利福尼亚州圣迭戈市的一家老牌饭店几年来生意越来越兴旺，但由于原先配套设计的电梯过于狭小，已无法适应越来越大的客流量。于是，老板准备改建电梯。他重金请来全国一流的建筑师和工程师，请他们一起商讨该如何改建。建筑师和工程师的经验都很丰富，他们讨论出的结论是：饭店必须换一部大电梯。为了安装好新电梯，饭店必须停止营业半年时间。

"除了停业半年就没有别的办法吗？"老板皱着眉头说，"要知道，这样会造成很大的经济损失。"可建筑师和工程师凭着经验，坚持说："必须得这样，不可能有别的方案。"

这时，饭店的清洁工正在附近拖地，听到他们的谈话，他马上直起腰，停止了工作。他望望忧心忡忡、神色犹豫的老板和那两位专家，突然说："你们那样做会把这里弄得乱七八糟，要我怎么收拾？"

工程师瞟了他一眼，不屑地说："你只知道打扫，还知道什么？"

"我要是你们，就会直接在屋子外面装上电梯。"清洁工理直气壮地说。

"多么好的方法啊！"工程师和建筑师听了，顿时诧异得说不出话来。很快，这家饭店就在屋外装设了一部新电梯，而这就是建筑史上的第一部观光电梯。

事实上，促进人类社会进步的每一项科技发明，往往都来自"此路不通走彼路"。很多人总习惯用老办法来解决问题，其实对于有的问题，这种办法并不适用。总会有更好的办法在等着你，另辟蹊径，也许还可以找到比传统办法好过百倍、千倍的办法呢。在上面的案例中，工程师和建筑师被自己的专业知识束缚住了，一个劲儿地钻死胡同，却没想过走另一条路。而清洁工的脑子里没有那么多条条框框，思路开阔，因此才会想出令专家们都拍手叫绝的妙招。

"此路不通走彼路"，这是解决疑难问题的"加速器"，是走向成功的途径。无论是有独特经营头脑的管理者，还是善于另辟蹊径解决问题的员工，他们都有两个特点：一是对工作充满热情，以主人翁精神全力以赴地投入工作；二是擅长创意思考，有很强的发散思维能力。

很多时候，只要我们能换一个角度思考问题，情况就会有所改变，新的创意就会产生。因此，我们的思维要活跃起来，当原来的路走不通时，要学会另辟蹊径！

·成事要点·

尝试走一条与众不同的路，你会收获一份人生的惊喜。

晴天留人情，雨天好借伞

老话说得好："多个朋友多条路，多个冤家多堵墙。"可见建立"人情账户"的重要性。在人际交往中，遇到需要帮助的人，要主动伸出援助之手，这样在你需要帮助的时候也能收获他人的善意。

有一句话是这么说的："钓到的鱼不用再喂食。"很多人都有这样的想法。他们的人际交往往往是急功近利的。

你是否有这样的体验：当你遇到困难时，你认为某人可以帮你解决，你本想马上去找他，但你后来一想，平时疏于联系，现在有求于人才去找他，会不会有些唐突？这时，你一定会怪自己平时没有注重人情关系的维护。

与别人有交情才容易得到他人的赏识，否则就算你有登天的本事，别人也可能不会知道。人在得意时，把一切都看得很平常、很容易，这是由于自负。假如你与对方的境遇、地位相差不多，交往时也无所谓得失。可倘若你的境遇、地位不及他人，交往时，反而会有趋炎附势的感觉。即使你多方效劳，在对方眼里也极为平常，彼此感情并不会有所增进。

假如你觉得对方是个英雄，就该及时结交，多多与其交往。如果你有能力，可以给予适当的帮助，甚至给予物质上的救济。而物质上的救济，也不要等对方开口，应该主动一些。有时对方很需要，又不摆明对你说，或故意表示无此急需。你如果遇到这样的情况，更应尽力帮忙，并且不应有丝毫得意的样子。寸金之遇，一饭之恩，可以使对方终生铭记。以后假如你有所需，他必奋力图报。即使你没有需求，他一朝否极泰来，也绝不会把你这个知己忘记。

钱锺书先生困居在上海写《围城》时，他家的日子过得非常窘迫。把保姆辞掉以后，家务就由夫人杨绛操劳着，所谓"卷袖围裙为口忙"。恰巧这时黄佐临导演排演了杨绛的四幕喜剧《称心如意》和五幕喜剧《弄假成真》，并及时支付了酬金，这才使钱家渡过了难关。很多年后，黄佐临之女黄蜀芹独得钱锺书亲允，开拍电视连续剧《围城》，与她老父亲曾无私地帮助过钱家不无关系。

由此可见，只有你随时保持着乐善好施、成人之美的心思，才能为自己多储存些人情。这就好比一个人须养成储蓄的习惯，那样才能防患于未然，将来惠及子孙。

到底该如何存储人情，并无定法。对于一个执迷不悟的浪子，一次促膝交心的长谈就可能会使他浪子回头，重拾做人的尊严和自信，成为一名勇士。对于一个身陷困境的穷人，一些小小的帮助就可能会使他感到人世的温暖，激励他干出一番事业，闯出自己的一片天地。对一种新颖的见解报以一阵赞同的掌声，这掌声在无意中就可能是对创新的巨大支持。对一个正直的举动投去鼓励的眼神，这一眼神无形中可能就是正义的强大动力。就是对陌生人一次无意中的帮助，都可能会使他感受到善良的难得和真情的可贵，说不定他看到有人遇到难处时，也会很快从自己曾经被人帮助的回忆中汲取勇气和善意。人生在世，每个人既需要别人的帮助，又需要帮助别人。从这个角度来说，人类社会是在互助中向前进的，而个人是在互助中攀登上成功巅峰的。

或许没有比帮助他人这一举动更能体现人慷慨的气度和宽广的胸怀。我们不要小看对一个失意人说的暖心话，对一个需要帮助的人来说，这很可能就是动力，就是支持，就是宽慰。他的心中会对你产生一份感激，会永远记住你对他的好。在你遇到困难时，他就会施以援手，用真诚来回馈你曾经的帮助。

你送他人一个人情，他人便欠了你一个人情。他一定会回报的，因为这是人之常情。送人情就像你在银行里存款一样，存得越久、越多，利息就会越多。

合鹏曾任某公司总经理，每到年底，贺卡就像雪片一般向他飞来。然而他离职之后，贺卡再也没有收到过一张。以前访客总是往来不绝，而离职之后却寥寥无几。正在他失意的时候，曾经的一位下属带着礼物来看他。合鹏在任职期间，并不重视这位员工，没想到只有他来了，合鹏不禁感动得热泪盈眶。

两年后，合鹏被原来的公司聘为顾问，很自然地，他重用了那位员工。因为这个员工在没有利益关系的情况下登门拜访，给他留下了很深的印象，同时更让他产生了"有朝一日，一旦有了机会，我一定得好好回报他"的想法。

总的来说，人是有情之灵物，每个人都逃脱不掉一个"情"字。在人际交往中，多储蓄一些人情是值得的。说得世俗一些，你应该为自己建立日后发展的人缘基础。假如你总是抱着"钓到的鱼不用喂食"的态度，那最终很可能会落个众叛亲离的下场。

·成事要点·

"晴天留人情，雨天好借伞。"谁都有需要帮助的时候，及时伸出援手，就会获得真诚的回馈。

格局要打开，眼光要放长远

很多时候，我们之所以与机遇失之交臂，并不是机遇不肯眷顾我们，而是我们太顾及眼前的利益，不肯将目光放得更长远。

也许很多人认为只拿一点薪水就拼命工作，太吃亏了，是愚蠢的行为。其实，工作也不能只看眼前的得失，而要向长远看。今天拼命工作，才能在明天取得更大的成就。你应该及早改变这种拼命工作会吃亏的想法。

在做出自我牺牲的同时，还应注意不要急于获得回报。在现实生活中，只愿付出、不求回报的人几乎是没有的，但是急于求回报的结果往往是得不到回报，因为这会给人一种被利用的感觉。

当然，对于大多数人来说，如果在付出之后没有得到希望中的回报，就会感到自己吃亏了。但是，这种吃亏是值得的，除非你碰到的是阴险、奸诈的人，否则就没有白吃的亏。

第二次世界大战后，日本手工业很发达，而汽车运输业则滞后，所以出现了许多靠出卖苦力为生的挑夫。祖川就是一个挑夫，后来他从家乡招募了二十四个小伙子到东京，成立了公司，专搞运输。有一次，祖川给客户运货，突然起了风浪，船被掀翻，损失惨重，祖川的积蓄几乎全赔给了客户。事后，祖川取出剩余的钱，分给二十四个小伙子。临行时大家都说："老板，以后有机会我们还要跟你干。"第二年，祖川东山再起，他回去打了个招呼，那二十四个人就全来了。他们根本不谈工钱，而是说："老板，你看着给就行。"可见，祖川亏的是金钱，投资的却是人心和时间。

你的目光有多远，你才能走多远。应该用长远的目光看待未来的发展，更加关注自己的长远利益。避免被眼前的诱惑所迷惑，避免陷入短视的陷阱。

东晋大书法家王羲之去杭州访友，经过苏州时不幸病倒，看病吃药，在客店里住了一个多月，等病好得差不多了，随身带的钱也都花光了。离杭州还有一段路，没有路费怎么办呢？

王羲之正愁时忽然有了一个好主意，他想起了初到苏州时，见十字街口一家当铺前招牌上的"当"字写得很不像样，何不写个"当"字当路费呢！他想到这里，立即提笔在纸上写了一个斗大的"当"字，吩咐书童把它拿到那家当铺去，要三十两银子，多一钱不要，少一钱不当。

　　当铺掌柜听到有人居然当一个字，十分惊讶，在当铺当东西可没有当一个字的，何况又是一个"当"字。但他转念一想，这个"当"字确实比他们门口招牌上的强多了，用它换招牌上的字也不错。

　　主意拿定，当铺掌柜便问书童："究竟要多少当价呀？"

　　书童回答说："我家主人说要三十两银子，多一钱不要，少一钱不当。"

　　掌柜说："口气还挺硬。这字虽写得不错，但是带有病态，不值三十两银子。你还是拿走吧！"

　　书童回去后把掌柜的话一五一十地告诉了王羲之，王羲之听后一气之下又写了一个斗大的"当"字，随后吩咐书童拿去试试。

　　掌柜接过书童第二次送来的"当"字，端详了老半天，说："嗯，不错。这个'当'字比上一个有力，只是带着怒气。我收下了，就给你三十两银子吧！"

　　王羲之主仆二人有了路费，起身赶路，不几天就到了杭州。碰巧有个朋友的亲戚新开了一家当铺，求王羲之写个"当"字做招牌。

王羲之说："前几日我写好了一个'当'字，典当在苏州十字街口的当铺里，你去把它赎回来吧。"

那人拿着当票赶到苏州，找到了那家当铺，开口就说："掌柜的，我要回当。"

掌柜的问："回什么当？"

"回'当'当。这是当票。"那人答道。

掌柜的接过当票一看，原来这个人是要那个"当"字，便随口问："你从哪儿弄到的当票啊？"

"在杭州的一个朋友那儿。"

"怎么，从杭州专程赶来回'当'字的？"掌柜的问。

"是的，算账吧，我急着赶回去呢。"那人急切地说。

掌柜的认为来人相当愚蠢，竟然跑这么远花银子回当一个字，便想从中捞一把。于是他眼珠子一转，说："连本带利四十两银子，一手交钱，一手交货。"

只见那人二话没说，付了银子，接过那个"当"字，非常爱惜地卷了起来。

掌柜见状，不由得好奇地问了句："你如此看重这个字，敢问是出自何人之手？"

那人答道："这出自大书法家王羲之的手笔。"

掌柜听了不太相信，又追问了一句："此话当真？"

那人急了，说："你真是有眼不识金镶玉！"

掌柜听了后悔莫及，直拍大腿，虽然多收了十两银子，却再也高兴不起来了。

由此可见，喜欢占小便宜的人不舍得放弃眼前的利益，这也是他们沦为庸人的原因之一。若能把眼光放得长远一些，做到看到树木的同时也能看见森林，那离功成名就的日子也就不远了。

有一对老教授夫妇，他们想找一个保姆照顾自己的饮食起居，月薪是六百元。很多人来应聘，但因月薪太低，又是伺候人的活儿，就放弃了。一位年轻的姑娘却不计较月薪，她暗想：老教授夫妇都是有文化的人，家里又有很多书，我有机会学习，不仅不用交学费，还有工资拿，想想真是太合算了。就这样，她高高兴兴地做起了教授夫妇的小保姆，非常尽心地照顾着两位老人。两位老人对她的工作非常满意，就主动加了工资，两代人相处得非常融洽，就像一家人一样。

两年下来，在老教授夫妇的鼓励和帮助下，小保姆学完了大专课程，并自考获得了文凭。小保姆非常高兴，逢人便说："这运气不是碰来的，当初那么多姐妹应聘这份工作，但是她们不做，这运气是我自己抓住的。"

小保姆的这番话很有道理，如果当初那些人不嫌工资低，能把目光放长远一点，可能就不会有她的机会了。

因为别人只看到眼前利益，放弃了，因此被目光长远的她捡了起来。她看重的是长远的利益，而不是单纯计较月薪的多少。这样一来，即使有一天老教授夫妇不再需要保姆，她也完全可以凭借自己的本事再找到另外一份很不错的工作。

可见，机会也需要你将目光放长远一点，才能发现并抓住。有些人只顾眼前的享受，又拈轻怕重，看不到长远的利益。在工作中也有人有这种拈轻怕重的倾向，认为同样的待遇，为什么自己要比别人做更多的工作呢？他们觉得勤恳工作、不计较得失的行为是愚蠢的，其实这是一种错误的想法。对于拼命工作的人，工作常会给予他意想不到的奖赏，久之，他就会出人头地。相反，一个人如果只是一味抱怨，计较得失，害怕吃亏，而不去努力工作，那么他就永远也得不到他想要的东西。

在生活中也是一样的，做什么事情都没有绝对的好与坏，不要只见树木，不见森林，被眼前的蝇头小利迷惑，而应当将目光放长远，把握长远的利益。

眼睛只盯着脚尖的人，往往会撞到柱子，成不了大事。要想成大事，就要把目光放长远些，不能盯着眼前的蝇头小利不放。

贪多必败，见好就收

宋代诗人邵雍的《安乐窝中吟》中有这样两句诗："美酒饮教微醉后，好花看到半开时。"得意时莫忘回头，着手处当留余步。此所谓"知足常乐，终身不辱。知止常止，终身不耻"。任何人都不可能一直春风得意。人生最风光、最美妙的时光往往是最短暂的。"人无千日好，花无百日红。"所以，见好就收，便是最大的赢家。

老子曰："得其所利，必虑其所害；乐其所成，必顾其所败。"我们无论做什么事情，只要做过了头就会向相反的方向转化，正所谓"物极必反"。因此，聪明人懂得见好就收，既达到了自己的目的，又不至于把事情做得太过。

二十世纪六十年代，美籍华人蔡志勇的曼哈顿互惠基金赚到大钱，他也因此赢得"金融魔术师"的称号。但他在这个基金势头正猛之际，将其转手卖给了别人。第二年，这个基金就开始急剧下跌。

试想，若他没有见好就收，而是乘胜追击，恐怕早已血本无归了吧！而见好就收则是处理问题的一种很合理的方式。

一位富翁在散步的时候把他的宝贝狗弄丢了，他急忙发布了一则启事，表示如果有人为他找到了狗，他将付酬金一万元。于是，送狗的人络绎不绝，但富翁发现那些都不是他家的那只狗。富翁心想：是不是真正捡到狗的人嫌我给的酬金太少了呢？毕竟那是一只纯正的爱尔兰名犬。于是，富翁赶紧将酬金改为两万元。此时，富翁的那只狗正被一个到处流浪的乞丐牵着。乞丐看到了寻狗广告后，本打算第二天一大早就抱着狗去领酬金。但是当他经过一家百货商场，看到商场外的屏幕上正在播放那则启事，酬金已经涨到了三万元，就赶紧折回了他夜宿的破屋子，把狗重新拴起来，他觉得酬金还会继续涨。果然，到了第四天，乞丐发现酬金已经变成了四万元。于是在接下来的九天时间里，乞丐每天都在商场外盯着那则启事，看酬金的变化。当酬金终于涨到了让全城的市民都感到惊讶的地步时，乞丐终于满足了。他想，凭着这笔酬金，就可以痛快地过好几年了。他仿佛看到金钱落入自己的口袋。然而，当他跨进屋子时，看到的却是一只已经饿死的狗。

可见，做人、做事都不要太贪心。常言道："凡事留一线，日后好见面。"凡事都留有余地，方可避免走向极端。特别在权衡进退得失的时候，更要注意适可而止，见好就收。古人从周而复始的自然变化中，得到了这样的启示："无平不陂，无往不复。"人生的变故，往往是事盛则衰，物极必反。因此，做人应当把握好分寸。

万事没有绝对的对与错，见好就收也是如此。但作为个体，如果真能理解透彻并做到这一点，那他的人生中就不会出现太多的失败。

不可能每个人都做到见好就收，但有一点要记住：如果你想获得比别人多的成功与胜利，见好就收无疑是最明智的选择。

·成事要点·

凡事都要有一个度，该出手时就出手；该收手时，也不要被眼前的光芒迷住了双眼，否则，会物极必反，过犹不及。

有些话要说在前头

　　老林和老韩是极好的哥们儿。不久之前，老林找了一份保险经纪人的工作，他发现只要拉到一定量的客户，不仅可以获得可观的收入，还能够迅速升职，进入管理层。为了提高自己的业绩，他发动好哥们儿老林帮自己拉客户，并且承诺只要老林给自己拉一个客户，便给老林一千元的佣金。

　　老林也十分乐意为哥们儿效劳，更何况还有佣金拿。由于老林有着宽广的人脉关系，没多久，他就给老韩拉了十几个客户。借着老林的帮助，老韩很快就做了主管。

　　但是老林有些不乐意了，因为他根本没有得到一分钱的佣金。他几次暗示老韩承诺的拉客户给佣金的事情，但是每次老韩都像没有听见似的。没办法，老林只好挑明了说：

"老韩，你当初说拉一个客户就有一笔佣金，现在我帮你拉了十几个客户，其中还有几个大单子，你也如愿以偿，做了主管，可是我的佣金你可没有给过一分呢。"老韩一听，拍了拍脑袋，道："哎，你看我这记性，佣金是有的，不过也不太多，所以没太在意，现在就给你。"说着就掏出四千多元，递给老林。老林一看，便道："这也不对啊！你不是说拉一个客户给一千元吗？怎么就这点钱？"

老韩拍了拍老林的肩，说："你看，我们是好哥们儿，我也不至于贪你这点钱吧。上次我和你说的佣金，后来就改了。这怪我，没及时和你说……"

老林一听这话，觉得不可信，怒道："可是你当初答应了的。十几个客户，就这么点钱，这也太狠了吧。"

"你介绍的那些客户，也就几个大单子能拿一千元的佣金，其他的都是小单子。这四千多元，还是我努力为你争取的呢。你就别嫌少了。"

老林看了看老韩，道："老韩，做朋友这么多年，没想到你这么不地道，早知道，我就该和你签份合同。"

事情的结果可想而知。老林刚开始拉客户，可能仅仅是为了给朋友帮忙，但有了利益，那就不只是帮忙这么简单了，二人其实已经是合作的关系，其中的利益分配就转变为重点。如果利益分配得不清楚，那么合作就持续不下去，二人的友情也会出现裂痕。

涉及财货等利益问题，一定要把握好原则，免得事情发展到不可收场的地步。先小人后君子，订立协议很重要。不仅合作的利益分配如此，平时借钱的时候也应该如此。

李某的一个朋友向他借三万元，并保证三天后归还。李某手里也不是很宽裕，只有一万多元，但为了帮朋友，他瞒着妻子向同事借了两万多元，凑足三万元借给了朋友。在钱易手的时候，李某想：要不要让他写张借条呢？可是转念一想：这么好的朋友，何必多此一举？这不是"以小人之心度君子之腹"吗？于是，写借条的事情也就没有提。

三天后，那个借钱的朋友打来电话，说钱暂时还不上，拖两天。李某想：拖两天就拖两天。可两天过去了，朋友又说再拖两天。李某有些急了，但也没办法，那就再拖两天吧。

谁知道再过两天，对方音讯全无。李某到朋友的单位和家里都找不到人，朋友的手机也一直关机，李某有些慌了。那个借钱给他的同事也不耐烦了——他当时许诺同事一个星期就还，而今却拖了一个多月，还没有还上。

两个月后，他得到了那个朋友的消息，但是那个朋友已经将三万元花光了，而且不承认自己借钱了。李某想去法院起诉他，可惜空口无凭，没有证据。结果，李某非但钱没要回来，还丢了人情，真可谓人财两空。

因此，利益问题最好摆到台面上，先讲清楚，以免日后有争议，影响彼此之间的亲密关系。这也是为人处世的一条重要原则。不要说什么"咱们谁跟谁啊"之类的话，常言道"亲兄弟，明算账"，开始的时候就把利益分配清楚，以后一起做事也就没有那么多麻烦了。

·成事要点·

为人处世，要先把与利益得失有关的事讲清楚，然后再讲情谊。这样做可以避免不必要的纠纷，对于双方关系的稳定维持也有直接的影响。特别是跟人合作之前，最好把利益分配讲清楚。"先小人，后君子"有利无害，可以规避风险，保障自己的权益。这也是得到大众和社会认可的行为方式。

第三章

讲处世：随机应变方能逆风翻盘

行事不勉强，不打无把握的仗

《棋经》里有句话："与其无事而强行，不若因之而自补。"说的是下棋的人不该在条件未成熟时轻易放出狠招，而应该先把自己棋形上的漏洞补好。当自己的棋没毛病了，对方棋形上的破绽也许就会自然显露出来，到那时才是决战的好机会。

世界围棋冠军李昌镐下棋，采用的就是这种策略。他的对手往往会发动凶猛的攻势，而李昌镐不断地补强自己的棋。当对手进攻到无处下手时，他的反攻也开始了。这个世界上永远不缺少机遇，但机遇只会垂青那些有准备的人。不准备好相应的主客观条件，你就只能眼睁睁地看着煮熟的鸭子被准备得更充分的人端走。做的事业越宏大，需要的条件就越多。欲速则不达，切不可急于求成。

管仲要求齐桓公立志推行尊王攘夷的霸业，但按照他的规划，这是一个长期工程。齐桓公年轻，性格急躁，想快点实现目标。他对管仲说："我想趁着列国无战事的机会，加强一下齐国的军备。"

管仲给出了否定意见。他说："不行。齐国民众生计困难，您应该先改善民众生活，暂缓军备。国家尚未安定就急于扩充军备，外不亲于诸侯，内不亲于百姓。"齐桓公点头称是，但并没有按照管仲的建议去做，结果国家更乱了。第二年，齐桓公不顾管仲的劝阻，轻率地攻打宋国。结果，诸侯纷纷出兵救宋，大破齐军。齐桓公很生气，对管仲说："请您加强武备。我的军队缺乏训练，兵员也不足，列国才敢救援我们的敌国。我们必须加强军备！"

管仲坚决反对，鲍叔牙也不赞成，但齐桓公不听，不但兴修军备，还增加了关市的赋税，致使齐国内乱不止。后来，齐桓公不顾劝阻，进攻鲁国，结果在长勺之战中被鲁将曹刿击败。此后，在齐国有十万甲士、五千乘战车时，齐桓公又一意孤行地进攻鲁国。鲁国不敢迎战，请求会盟。结果，盟坛上，鲁庄公从怀里抽出剑，逼迫齐桓公将汶水作为国界线。

经过这几次教训，齐桓公终于放弃扩军计划，不再对外用兵。齐桓公即位后的四年里，管仲多次反对出兵，因为他很清楚：齐国当时比鲁国强一点，但还没拥有绝对优势；齐国与列国的关系都很紧张，找不到有力的外援；齐国多年积累的内乱还没彻底平息，民不安，臣不合，国不富，兵不强。

富国强兵是管仲要做的事，但他主张打好基础，稳步革新。一言以蔽之，针对齐国各方面的不足努力进行建设。冷静下来的齐桓公鼎力支持管仲的改革。管仲整顿赋税与封赏制度，重用人才，勉励百姓。经过一番努力，齐国政通人和、百业兴旺，不仅经济水平提高，军事实力也大增。此后，宋国攻打杞国。齐桓公采纳了管仲的建议，没有出兵，而是通过外交手段赢得了杞国的好感。狄人攻打邢国，邢君逃到了齐国，齐桓公修筑夷仪来封赏邢君，并派兵守护。狄人攻打卫国，卫君出逃，齐桓公又以同样的方式安置卫君。到了第八年，管仲告诉齐桓公，现在齐国已经安定富裕，工作重点转为取信于诸侯。于是齐国放缓了通关税和市场税的征收，派能干的使者出使列国。此举缓和了长期以来齐国与列国之间的紧张关系，诸侯纷纷亲附齐国。就这样，齐国不断地补强自己，成长为综合实力最强的诸侯国。

正是在这个坚实的基础上，齐桓公才能完成"九合诸侯，一匡天下"的霸业，成为春秋五霸之首。假如齐桓公还是执拗地"无事强行"，恐怕只会白白消耗国力。治国不能瞎折腾，做超出能力范围的事。通过不断地补强缺点，动荡多年的齐国才能成为强国。做人也是如此。当你发现自己的能力不足以完成目标时，最该做的不是勉强行动，而是认真思考怎样"因之而自补"，积累所需的主客观条件。当你把条件积累到足够高的水平时，就会发现原先高不可攀的大山在不知不觉中已经成了可以越过的小山丘。"与其无事而强行，不若因之而自补"，说穿了，就是要学会思考，在正确的地方努力。那种未经思考的努力，其实是一种不敢面对困难的逃避心态。那样的人看似非常拼命，其实没有什么成效，很容易犯"无事而强行"的错误。

战国时的魏昭王一度打算励精图治，想亲自处理大臣们平时负责的具体政务。他对孟尝君表明态度后，孟尝君提议让他从学习律令入门。官吏不能熟读大量律令，就没法执法办事。所以魏昭王觉得学习律令的确很重要。但他才背诵了十几条律令，就忍不住犯困了。魏昭王觉得阅读律令太无聊，于是放弃了学习律令的念头，再也不提亲自处理政务的事了。

韩非子对此评价道："魏昭王不懂得做君主要主持大局的道理，反而要做群臣该做的事情，学法律时打瞌睡不也很自然吗？"

魏昭王有努力的心，但没搞清楚自己该提高的地方。国君的主要职责是用好人，做好决策，而不是具体执行某条法令。他需要的不是法律知识，而是看人的眼光与战略头脑。他的努力属于一种"无事而强行"的行为，注定得不到好的效果。事实上，"无事而强行"的举动本来就很难坚持，最后只能不了了之。

磨刀不误砍柴工。当事情不具备达成条件时，你没必要匆忙上阵。地基没打牢，水泥未干就匆匆忙忙盖更高的一层楼，这样的房子只会是豆腐渣工程，说不定还没盖完就坍塌了，施工队不得不从头做起。这样岂不是得不偿失？匆忙上阵的人看起来很努力，其实不过是在做无用功。除了浪费时间、精力、金钱、汗水之外，成不了什么事，甚至会因此失去很多原本可以抓住的机遇。这种费力不讨好的事情，又何必花时间去做呢？

"因之而自补"既是成事的小窍门，也是人生的大智慧。每个人的情况不同，成长方向也大相径庭。同样是足球运动员，有的人适合当前锋，有的人适合当守门员。假如适合打前锋的人去练守门技术，再有天赋也成不了大器。也许你不擅长做某件事，但世界上总有一件事是你擅长的。在找到这件事之前，你可能很挫败、很苦恼，但不要灰心，而要继续努力寻找，发现自己的潜力所在，然后努力去开发它。

想要有所成就的话，不仅要针对自己的不足进行补强，还要针对自己的优点加强锻炼。努力要有针对性，要充分结合自身的情况，这样才能达到事半功倍的效果。

碰壁要反思，莫要一条道走到黑

　　勇往直前是成功者的一种优秀品质。越是阻碍重重，越要不屈不挠地前进，这样才能胜利。但是，勇往直前并不总是正确的。如果不慎走错了路，最该做的事不是加倍地努力前进，而是停下来好好反思。在这种情况下，停下脚步反而是前进，贸然前进与倒退没什么两样。建功立业之人，既有高歌猛进之际，也有停步反思之时。反思是为了校准偏离的航向，重新找到正确的道路。

　　有一回，晋国赵氏家族的宗主赵简子从晋阳出发到邯郸，走到半路时却突然停了下来。引车吏问道："主君为何要停下来？"赵简子回答："因为董安于在后面。"董安于是赵氏的家臣，是赵简子最倚重的谋臣。凡是做重大决策之前，赵简子都要先听一听他的意见。引车吏劝道："行军是一件大事。主君怎能因为一个人就让将士们停滞不前？"赵简子觉得有道理，于是下令继续前进，但才前进了百步，他又忍不住停了下来。引车吏打算再次劝谏，恰好董安于驱车赶到。素来果决的赵简子心里挂着三件事，所以无法安心前进。他对董安于说："秦国官道与晋国接轨的地方，我忘记让人设障碍堵住了。"董安于说："这正是我留在后面的原因。"赵简子又说："我忘记叫人带上官府的印玺了。"董安于说："这也是我留在后面的原因。"赵简子补充道："行人烛过年事已高，但他的话非常中肯，晋国上下没有不效法的。我远行前忘记派人向他辞别致意。"董安于说："这还是我留在后面的原因。"赵简子居安思危，时时反思自己的行为哪里有纰漏。董安于在发现隐患后，总是在出乱子前就早早将其解决。赵简子掌权期间，无论是赵氏家族还是晋国，实力都大涨。这与他重视反思的习惯不无关系。

　　通常来说，人在逆境中更懂得反思。成功远未到来，危机却摆在眼前。为了避免失败，逆境中的奋斗者会努力思考，认真总结，找出自己与成功者的差距，排除掉各种错误的道路。生于忧患，成功也就离你不远了。可是，人处于顺境之中时，就容易忽视必要的反思，被成功经验迷住双眼，沦为迈向深渊的盲人瞎马而不自知。遇到这种情况时，更需要停下来重新审视自己。

　　晋国赵氏家族曾经发生过内讧，赵简子发兵平定叛乱的邯郸氏。由于他的轻敌，这场家族内斗扩大为席卷晋国的内战。中行氏、范氏联合邯郸氏进攻赵氏，赵简子被三家军队包围在晋阳城。经过非常艰难的苦战，中行氏、范氏被诛灭。因为这件事，赵简子非常怨恨中行寅（中行氏家主）与范吉射（范氏家主）。他对新任晋阳长官尹铎下令："把晋阳的营垒拆掉，我一看见这些营垒就想起中行寅、范吉射。"谁知尹铎不但没照办，反而将营垒加高了。赵简子到晋阳巡视时怒不可遏，打算派人杀死尹铎。孙明连忙劝道："以微臣私下忖度，尹铎应当受到嘉奖。他的本意是，人看到享乐之事就会放纵自己，碰到忧患之事则会奋发图强。如今连主君一看见营垒都能想起过去的忧患，何况是天天生活在这里的群臣与百姓呢？只要是对国家与您有利的事，即使会加倍问罪，尹铎也毫不犹豫地去做。而服从命令以取悦您，这是连匹夫都能做到的事，何况是精明强干的尹铎呢？请主君再好好考虑一下处死尹铎的事。"赵简子拍案道："如果你今天没说这番话，我将会犯下一个大错误。"

　　再优秀的英雄、伟人也是人，而不是神。况且就算是神话故事中的神，也做过许多有争议的事情。想成功就要做事，越努力的人做的事情越多，犯错的概率也就越大。但换个角度看，他们也更容易从错误中学到更多东西，逐个消除阻碍因素，不断接近成功。当然，这是以他们懂得反省与总结为前提的。《周易·乾》中有一个成语——亢龙有悔。飞龙在天代表着功成名就，事业达到顶峰。胜利让人扬眉吐气，也会改变人的心态。把握得好就是自信，把握不好就成了骄傲。"亢龙有悔"的"亢"，指的就是骄傲自大的态度。无论多么厉害的成功人士，一旦骄傲自大，就会犯下错误。如果能在犯错后及时停下来反思，未必不能重整旗鼓，反败为胜。

东汉光武帝刘秀麾下有个勇将叫吴汉。吴汉在东汉平天下的过程中战功赫赫。他斗志昂扬，初战不利时，诸将常有胆怯之心，吴汉却总是厉兵秣马，准备再战。但他为人争强好胜，经常不听劝。刘秀攻打陇西的隗嚣，将其围困于西城。他对吴汉下令："各郡的士兵空耗粮草，如果他们逃亡，又会扰乱军心，应该全部遣散。"但吴汉等人不想放弃优势兵力，没执行刘秀的命令。果然，时间一长，汉军后勤紧张，士兵逃亡的人数增加。敌军援兵又赶到，吴汉只得败退。数年后，吴汉奉命进攻广都，进展顺利。刘秀告诫他说："成都有敌军十余万，不可小看。你只需坚守广都，待敌来攻，不要与之争锋。假如敌军不来，你转营迫使他们接战，但必须等到敌军人困马乏时再出击。"这是一个稳妥可行的方略，但吴汉求胜心切，率领两万多步骑在距离成都十余里的江北地带扎营，还派副将刘尚领兵万人在江南扎营。两座军营相隔二十余里。

刘秀听后又惊又怒，他下诏责问道："我已经多次给你下达指令，为什么事到临头又擅作主张？你轻敌深入，又另建营垒，一旦遇到紧急情况，就来不及救援了。敌军出偏师牵制你，以主力猛攻刘尚。刘尚一败，你也就跟着败了。现在趁敌军还没行动，你赶紧带兵回广都。"诏书还在路上时，敌军就已经行动了。

与刘秀的预测不同的是，敌军只派万余人阻击刘尚，而以十多万主力大军围攻吴汉。吴汉苦战一日，败退回营。但他并不气馁，而是以一番慷慨激昂的动员讲话振奋军心。吴汉让将士们养精蓄锐，关闭营门，三天未出，还多设旗帜，保持烟火不断，误导敌军。在夜色的掩护下，吴汉率军悄悄与刘尚会师江南。第二天，吴汉趁敌将还没察觉时，就分兵阻击江北，自己率部猛攻江南的敌军。经过一番鏖战，敌将被斩，敌军大败。于是吴汉趁机撤回广都。吴汉在向刘秀上报军情时，做了诚恳的自我检讨。刘秀给出了新的指令。之后，吴汉不再盲目轻敌，而是依据刘秀的计谋行事，八战八捷，最终平定了蜀地。

优秀的人往往好胜心强，做事很努力，但他们也不能完全避免走错路的情况，阴沟里翻船的惨痛教训天天都在上演，有些功成名就的人甚至因此一蹶不振。如果你努力的结果是一次次的失败，无疑自信心会受到打击。其实，你没必要太灰心丧气，只要平时保持自省的习惯，就能大大降低走错路的概率。

· 成事要点 ·

当你发现沿途风景与预想中的不太一样时，你不要闭着眼睛继续往前冲，而应该停下脚步，好好整理心情与思路。假如经过确认后发现并没有问题，那你就可以放心大胆地加速前进。假如真的走错路了，也不要紧，你已经刹车了，亡羊补牢，犹未为晚。成功的大门并未对你关闭，只要你有停下来反思的勇气。

在关键环节比别人多投入 2%

假如你的起点比别人的低，可利用的空余时间比别人的少，也不要放弃努力。只要用恰当的方法，照样有机会超过其他人。大家用同样多的时间拼搏时，专注的一方取胜；大家以同样的专注度努力时，善于抓住重点的一方取胜。

历史上以少胜多的经典战役不计其数。但认真观察的话，你会发现，胜者虽然在全局上是以寡敌众，但在战场重点区域却是以众击寡。在关键环节比敌人投入更多力量，是军事家屡试不爽的制胜法宝。

官渡之战是中国历史上著名的以弱胜强的战役之一。东汉末年，袁绍以十万精兵讨伐曹操，曹操的兵力、财力、粮草都处于劣势，但此战最终以曹操的胜利而告终。官渡之战中最重要的一个环节就是乌巢之战。当时曹军粮草已尽，将领中也多有密信通敌者，可以说已陷入了绝境。恰在此时，袁绍的谋士许攸投靠曹操。他建议曹操出奇兵攻打乌巢。袁绍兵多将广，粮草需求量大。袁军绝大部分粮草存于乌巢。若奇袭乌巢，烧其粮草，就能逆转战局。于是，曹操留下少部分兵马留守大本营，亲率五千步骑夜袭乌巢。

袁军总兵力远多于曹军，但在乌巢没有多少人马。曹军形成了局部上的兵力优势，仗打得十分顺利。袁绍闻讯后，一边派兵增援乌巢，另一边让张郃、高览等率领重兵围攻曹营。曹操不为所动，坚决攻打乌巢，将袁军粮草烧毁。张郃、高览未能及时攻破曹营，又听到乌巢失陷的消息，便向曹操投降。袁军兵败如山倒，曹操在官渡之战中以少胜多，为统一北方奠定了基础。

曹操取胜的原因很多，其中一点就是在关键环节——乌巢战场投入了比对方更多的兵力。袁绍虽有兵力优势，却将重兵用于攻打曹军大本营。殊不知，曹营并非整个战场的重心，就算攻破了也无法挽回败局。由此可见，在关键环节上投入的力量多少，才是成败的决定性因素。

励志故事往往有着基本的套路：弱者为了摆脱落后局面而奋发图强，最终战胜了各方面都占据优势的强者。小到个人，大到国家，无外乎沿着这个方向走。"奋起直追"可谓是最能体现这种努力劲头的成语。但弱者赶超强者并不容易，要付出的努力往往超乎想象。

此外，许多强者不是藐视乌龟、睡大觉的兔子，而是有着忧患意识的拼命三郎。他们不仅优秀，而且比普通人更努力。起点比别人低，发展速度又比别人慢，弱者的努力就只能是无谓的挣扎吗？当然不是。没有永远的强者，也没有永远的弱者。再努力的强者，也有自己的上限，不可能永远一往无前。当遭遇瓶颈时，进步速度就会大打折扣。例如，发达国家发展到一定阶段时，经济增长就会降速，各方面发展进程会变得相对缓慢。而后起的发展中国家则会保持相对较快的增长速度。若能保持高速发展，新兴国家就能逐渐赶超传统发达国家。世间万物在不断地发展变化。领跑者在成熟的旧事物上也许有难以撼动的优势，但对于陌生的新事物，领跑者与追赶者则站在同一起跑线上。例如互联网经济的兴起让不少传统跨国集团找不着方向，却让许多中小型创业公司迅速成长为新的领军企业。因此，弱者通过不懈努力，依然可以赶超遥遥领先的强者。只要能找到正确的方法，并且把握正确的时机，弱者也能实现弯道超车，后来者居上。

正确的时机可遇不可求，难以预料，但正确的方法并不复杂——放弃全面竞争的想法，把功夫用在刀刃上。其实，你不一定要处处超过竞争对手，只需在关键点比他们多做2%

的努力，就能获得成功。四两拨千斤，此之谓也。

官渡之战中的曹操抓住了乌巢这个关键点。他投入了大部分兵力，而袁绍只投入了少部分兵力。从努力程度来说，曹操完胜袁绍，他应当享受胜利者的光荣。战国时的长平之战规模巨大，秦、赵两国投入的总兵力约一百万。秦国名将白起利用赵军统帅赵括缺乏实战经验的弱点，诱敌深入，将四十多万赵军死死包围。按照兵法常理，与赵军数量相当的秦军不可能围歼赵军，但白起做到了。此战的转折点是秦军出奇兵切断赵军退路。白起在这个关键环节投入的兵力有多少呢？三万兵马。其中两万五千人绝赵军后路，堵截援兵，五千人分割穿插赵军中路。可正是这三万兵马，让四十多万赵军陷入了无法突出重围的绝境，最终全军覆灭。

惨烈的战争总是把哲理以最残酷、最直白的形式展露出来。商场、职场、考场和运动场皆如战场，都存在一个决定胜负的关键环节。无论你多么努力，只要没有把握住这个关键环节，必定会尝到失败的苦果。而那些成功者，没有哪个不是在关键环节比他人做得更好、更努力的。

已故的苹果公司总裁乔布斯是个特立独行的人。他并没与微软等老牌互联网公司展开全面竞争，而是专注于智能移动终端产品的开发。苹果公司主要做智能手机与平板电脑两个系列的产品，而且不像很多 IT 名企那样在短时间内推出五花八门的机型。苹果公司并不打算占领所有的市场，而只是专注于自己的目标市场。苹果品牌后来成为世界最具价值品牌。已经成为历史的诺基亚曾经是全球手机销量第一的知名品牌。诺基亚也开发过自己的智能手机，但遗憾的是，它没能像苹果那样把握住移动互联网潮流的关键点。尽管诺基亚很努力地想赶上新潮流，甚至为此付出了巨大的代价，但依然没能逃脱被时代淘汰的命运。

胜利没有秘诀，只有规律。专注，专注到关键点上，仅此而已。你的周围从来不缺少努力的人，他们不仅优秀，而且拼命，但你没必要跟着他们的步调走，而应该冷静思考自己前进方向中的关键环节是什么。

·成事要点·

人们常说，你需要以加倍的努力去打败你的对手。其实，你只需要在关键环节上比对方多努力2%，就能达到事半功倍的效果。对于奋斗者来说，光有实践"一万小时定律"的觉悟还不够，光有十年如一日的专注力也不够。只有把努力聚焦于关键环节，才能更快、更好地完成"一万小时"的积累，才能赢得更多胜利。

千万个开始不如一个完结

　　有的人提出了很多目标，并且逐个完成了；而有的人只提出一个目标，到头来却一事无成。差距可谓天壤之别。但你深究原因时就会发现，这只是表面现象。

　　成功需要专注。制定的目标越多，精力就会越分散。精力分得太散了，就和"三天打鱼，两天晒网"没什么区别。看上去付出了很多努力，但分散到每个目标上就没剩多少。按照"一万小时定律"，这个积累速度比专注于单一目标要慢得多。所以，老子说："少则得，多则惑。"只有专注才能获得成功。但话说回来，那些制定多个目标的人，未必不如制定单个目标的人专注。

　　阿诺德·施瓦辛格在少年时制定了好几个人生目标：成

为肌肉发达的男子汉，成为妇孺皆知的电影明星，成为美国加利福尼亚州的州长。最后，这些目标他都达成了。目标虽然多，但施瓦辛格没有分散自己的精力。他做健身运动时，满脑子只有训练、训练、训练，而不去想拍电影与参加选举等事。进入好莱坞以后，他一切的努力都紧密围绕拍电影而展开。竞选州长时，他又全力以赴地专注于竞选活动。每个阶段的施瓦辛格都是专注的，做事情有始有终，故而他的每一个目标都能实现。

专注，不只是数量问题，更是质量问题。在单位时间里只朝一个目标努力，这才是专注。而那些看似只制定了一个目标的人，反倒没那么专注。看连载的朋友最讨厌的就是小说或漫画作者"开坑不填"。有引人入胜的开头、若干性格鲜明的人物、宏大的世界观与完善的背景设定，怎么看都会成为一部佳作。然而，在读者的兴趣被完全调动起来后，作者却没有更新，而是另开新作。对于这样的作者，读者往往感到失望。大凡成功的作者，要么是有已经完结的代表作，要么是正专注于一部人气作品连载。而有些作者，之所以无法获得成功，可能是因为作品不够优秀，也可能是因为"坑品"不佳。他们虽然有很好的创意，但总是想一出是一出，一部作品还没构思好，又开始考虑下一部作品。他们的梦想很单一，但努力方向并不专一。他们看起来在绞尽脑汁地创作，不断地开始，但都是虎头蛇尾，不能坚持完成一部精打细磨的代表作。如此一来，自然很难取得更高的成就。

拿不出令人信服的成果，一切努力就都是白费。那些不断有新的开始，却没有认认真真做完一件事的人，永远摸不着成功的大门。千万个激动人心的开始，不如一个有始有终的完结。倘若能抛弃虎头蛇尾的恶习，将一个目标贯彻到底，你就是对得起自己辛苦付出的人生赢家。

广东云浮市公安局有位叫梁瑞伟的老警官，在广东公安系统颇负盛名。他在刑侦战线奋斗了三十九年，甚至其中有二十多年工龄是在他身患癌症之后。梁瑞伟高中毕业后被分配到广东新兴县农科所工作，三年后他考入了县公安局，兢兢业业地工作了十七年。对于梁瑞伟而言，这十七年虽然辛苦，却也是自己最辉煌的时期。为了追捕逃犯，他常常一个人骑着自行车深入大山深处的乡村。有时，一出外勤就要忙活几十天。走访案情，搜查嫌犯，帮法医背待解剖的尸体，他什么苦活都做。

1996 年初，梁瑞伟调入刚成立的广东省云浮市公安局刑侦支队工作。繁忙的工作让他积劳成疾，患上了舌癌。他在上海做了长达八小时的手术，手术后，他形象大变，战友们几乎认不出他。由于舌头被切除了一部分，梁瑞伟说话比普通人困难许多，只能吃流质食物。该告别自己的警察生涯吗？警察工作虽然辛苦，但那是梁瑞伟的梦想。面对突如其来的打击，梁瑞伟发挥了硬汉本色。他重新练习说话。手术后第五年，医生在复查时说，他能恢复成这样真是一个奇迹。由于身体原因，梁瑞伟调任主任科员。他尽管不在一线拼搏了，但依然很敬业，不断提高警务技能。他说话不利落，说长句子时尤为困难，却成为整个云浮刑警队最厉害的审讯员。在调查一次涉黑案件时，刑警队员们的重点审问对象是一个给黑恶势力通风报信的嫌疑人。此人有较强的反侦察能力，故而大家突击审讯了几天都没有进展。梁瑞伟研究了审讯材料后，来到审讯室与嫌疑人谈了一个小时左右，成功让对方交代罪行，这件案子也因此取得突破。每次遇到顽固不化的嫌疑人或大案、要案时，警队都会让梁瑞伟来把关甚至亲自审问。公安局里上上下下都把他视为警队的"传家宝"。大家都说，老梁同志如果不是生了那场病，很可能会成为全广东省甚至全国的侦查精英，而不仅仅是个老资历的主任科员。很多人到了这个岁数时，工作就不那么卖力了，但梁瑞伟依然以身作则，每天第一个到岗，经常参与破案工作，和年轻人一起加班加点。

术后的梁瑞伟工作热情不减，但考虑到他的身体，局里的领导几次劝说他换个轻松的岗位，但都被他拒绝了。他的理由很简单："我还能胜任这份工作。"三十九年来，他始终没有放下辛苦的刑警工作。有人觉得梁瑞伟很傻，但他却说："喜欢，也习惯了。"老梁警官的故事很平凡，却又很了不起。他说话比普通人困难得多，却成为警队中审讯技巧最出色的人。他身患大病，有比常人更多的放弃的理由，但他始终坚持在自己喜欢的岗位上，专心致志地把每一项工作都做好。这份持之以恒的耐心与韧劲，是许多奋斗者所缺乏的。

俗话说"行行出状元"。也许你的岗位很平凡，但你只要坚持努力，专注于事业，同样可以做出不平凡的成绩。也许你的才华很卓越，梦想很远大，但你总是只有漂亮的开始，没有干净利落的结束，永远没能拿出一个让人们心悦诚服的成果，这样的人生是失败的，是令人惋惜的。纵然你看似很努力地迎着梦想前进，但三心二意与虎头蛇尾消耗了你所有的心血。不要抱怨，一事无成是上天对你最公平的回应。千万个开始不如一个结束。也许你的成果不够完美，与优秀的人还有很大差距，但不要灰心，你的每一个成果，都将成为你成功的基石。

·成事要点·

　　沿着既定目标一步一个脚印地走下去，而不要永远在起点转圈圈。成功者不一定是超凡脱俗的天才，但必定是那些有始有终，能坚持把事情做完的专注之人。想要成功，就请保持专注。说不定到那个时候，你就会发现，自己不只能实现一个目标，还可以做到更多。

忽略那些对你不重要的事情

　　有些人觉得每次想做点什么的时候，却发现自己既没时间，又没精力。于是，琐事缠身成为他们止步不前的理由。假如把上学和退休之后的日子排除在外，大多数人只有三十五年左右的奋斗时间。若是每个人都遵循"一万小时定律"去努力，完全可以在有生之年成为业界专家。但为什么有的人成功了，有的人却没有成功呢？

　　原因在于他们的时间利用率大相径庭。成功者在关键领域上投入的时间更多；未成功者的时间则分散于各种琐事，留给关键领域的时间相对较少。假设大家每晚有四个小时可以自由支配，都花两个小时进行休闲娱乐，但有的人在剩下的两个小时里学习或创作，有的人则用来刷新闻、网购、摆龙门阵以及偶尔学习或创作。长此以往，后者与前者的成就自然不可同日而语。"一万小时成专家"的进度条，绝对不在一条水平线上。后者往往是那些抱怨自己没时间、没精力的人。但就事论事，他们与前者的空闲时间本来是一样的，只不过他们把精力浪费在无关紧要的琐事上。如果你打算在业余时间学会一项新的技能，或者完成一部几十万字的书稿，那么对你而言，重要的事情就是学习与创作，其他的事情都无关紧要。每天记住一个知识点，每天坚持写一千字，虽然训练量不大，但若长期坚持下去，就能越来越接近目标。

时间与精力都是挤出来的。只要你每天能不打折扣地投入一个小时，一年之后，那些被琐事缠身而止步不前的人就会被你甩在身后。假如你还没成功并且觉得自己没时间和精力去做想做的事，不妨先反省一下，有没有将时间和精力浪费在不重要的事情上。忽略不重要的事情，不仅可以提高你的成长效率，还能让你在竞争中取得更好的成绩。

大家从小到大经历的考试与比赛不计其数。有些人平时很努力，但关键时刻总是发挥失常。我们通常认为是因为他们心理素质不过硬，太容易紧张。但如果深究的话，就能发现是他们在临场时精神不集中，想赢怕输的杂念太多导致的。

春秋时的晋国大臣赵襄子曾经向驭手王于期学习驾驶马

车的技术。王于期倾囊相授。没过多久，俩人一起比赛。赵襄子换了三次马，结果三次都比王于期慢。他很不高兴地说："您教我驾驭马匹的技巧，恐怕还有所保留吧？"王于期答道："我的驾驶技术都已教给您了，但您没有正确地使用技术。驾驭马车最重要的是让马与车辆相配合，驭手的注意力应该与马的步调相协调，这样马才能跑得又快又远。您落在后面时，老想着追上我；赶到前面时，又老是怕被我追上。比赛无非就是领先和落后两种情况。您无论是在前还是在后，都将注意力放在我身上，而不在马身上，这样又怎能与马匹保持协调呢？这就是您失败的原因。"从王于期的话来看，赵襄子并不是输在技不如人，而是输在心态不够端正，杂念太多。王于期比赛时，将注意力完全放在马身上，以最大的努力来保持人、马、车的协调，从而让马车行驶得更快。赵襄子求胜欲很强，但心思并没集中在驾驶本身，而是随时关注对方的位置。这一分心，人、马、车就不协调了，马车自然会降速，就算一时领先，最终也难免失败。

那些临场发挥失常的人，没有哪个不是想赢怕输导致心神不定的。他们太在意比赛之外的东西，反而没法像对手那样完全投入比赛当中。当双方用心程度不同，高下立判，结局已定。历史上能征善战的将军都有着不同的性格与作战方式，但他们无一例外都懂得适当地忽略。凡是对战局有重要影响的因素，他们都会高度关注；反之，都会果断忽略掉。

在秦灭六国的过程中，老将王翦立下的战功最多。强悍的赵国、古老的燕国和庞大的楚国都是被王翦所灭。他一生中最有代表性的战绩就是灭楚之战。

秦攻楚之前已经灭了韩、赵、燕、魏。秦王有些轻敌，采纳了少壮派将领李信的建议，只动员二十万兵马南征楚国。结果李信大败而归，秦王只得请老将王翦出山。王翦率领六十万甲士再度南征。打败李信的楚将项燕也集结楚国几乎所有的兵力与之相持。秦军远道而来，按常理应该速战速决。但王翦反其道而行之，仗着秦国出色的后勤保障能力，按兵不动。无论楚军如何挑衅，无论部下们如何请战，他都不为所动。就这样，秦楚两军各自构筑壁垒，对峙了很久。时间一长，秦军将士耐不住枯燥单调的生活，纷纷开始进行投石、击壤、角抵等军事体育运动。楚军多次挑战未果，项燕决定引兵东撤。王翦就等着敌军撤兵这一瞬间的战机，号令全军追击，最后大破楚军。秦军趁热打铁，俘虏楚王，消灭项燕及其残部，又用一年时间平定了整个楚国。

王翦的战术其实很简明——避其锋芒，击其惰归。但这个简单的计谋并不容易做到。有些指挥官缺乏耐心，还没等到敌军士气衰竭就按捺不住了。王翦则不同，他在这场长达两年的国运大决战中，牢牢地盯紧此战的关键——敌我双方的士气消长。只要这一点没发生根本变化，其他任何情况都是无关紧要的。火候不到就不开锅。这便是王翦的指挥艺术。楚军挑衅时少不了说些羞辱人的话，以激怒秦军，使其迎战。按理说，谩骂之辞对战局本身并不重要，但很多人没法忽略，以至于丧失了理智，做出了错误的决定。而王翦的高明之处恰恰在于能忽略那些不重要的东西，只抓住最关键的环节。大道至简，真理往往是朴实无华的。再聪明的人也不会去思考所有的小事，过目不忘的人也不会去记住每一片被秋风扫落的叶子。因为那些都不重要，不值得占用你原本就宝贵的时间与精力。同样的时间，为什么有的人能完成更多想做的事？因为他们懂得忽略不重要的事情，把时间用在刀刃上，把精力用于关键点。集中注意力的要诀，无非就是排除杂念。所以，不要再拿没时间和没精力作为止步不前的借口。清理系统垃圾后，电脑的运行速度会变快。剔除了那些不重要的东西后，你会发现自己有更多空闲去做真正想做的事情。

· 成事要点 ·

从现在开始，好好梳理一下自己的生活，看看你平时关注的东西，哪些是确实必要的，哪些其实是无关紧要的。这也算是为自己的人生减少不必要的负担。

第四章

讲失败：拥有被拒绝的勇气才能活得自由

以知足的心态对待一切

　　知足常乐是一种积极的处世态度，并不是安于现状、不求进取。人应该懂得如何努力从而达到最理想的状态，懂得自己该处于什么位置是最好的，这样才不至于好高骛远、迷失方向、碌碌无为，心有余而力不足，到最后弄得心力交瘁。知足常乐，贵在调节。

　　有一个铁匠打了两把剑，刚刚出炉时它们一模一样，非常钝。铁匠想把它们磨快一些。其中一把剑想：精铁来之不易，还是不磨为妙。于是，它把这一想法告诉了铁匠。铁匠答应了它。

　　铁匠去磨另一把剑，这把剑没有拒绝。经过长时间的磨砺，一把寒光闪闪的宝剑磨成了。铁匠把那两把剑挂在店铺里，不一会儿就有顾客上门。顾客一眼就看上了磨好的那一把宝剑，因为它轻巧、锋利。而钝的那一把剑，虽然分量重一些，但是无法把它当剑用，它充其量只是剑形的精铁而已。

出自同一个铁匠之手，两把剑的命运却是天壤之别：锋利的那把又薄又轻，是削铁如泥的利器，而另一把则又厚又重，只是中看不中用的摆设。人生的很多道理，也大抵如此。

无论是过多的物质追求、过多的财富，还是过多的享乐，都像剑刃上多余的精铁，我们应该毫不吝惜地磨掉它，因为我们的生命有限，所以必须舍弃一些不必要的欲望。贪欲太多，就像有一座大山压在我们身上，使我们身心崩溃，不能翻身，人生也就会疲惫不堪。

有一则故事：

一个后生从家里到一座禅院去，在路上他看到了一件有趣的事，他想拿此事去考考禅院里的老禅者。

来到禅院，他与老禅者一边品茗，一边聊天，冷不防地问了一句："什么是团团转？"

"皆因绳未断。"老禅者随口答道。

后生听到老禅者的回答，顿时目瞪口呆。

老禅者见状，问道："为何如此惊讶？"

"老师父，你是怎么知道的呢？"后生解释说，"我今天在来的路上，看到一头牛被一根绳子拴在树上，这头牛想离开这棵树，到草地上去吃草，谁知它转过来转过去都不得脱身。我以为师父没看见，肯定答不出来，哪知师父一下子就答对了。"

老禅者微笑着说："你问的是事，我答的是理；你问的是牛被绳缚而不得解脱，我答的是心被俗务纠缠而不得超脱。一理通百事啊！"

老禅者说："其实，众生就像那头牛一样，被许多烦恼、痛苦的绳子缠缚着，不得解脱。"

一只风筝，怎么飞也飞不上高空，是因为被绳牵住；一匹矫健的马，个性刚烈，但套上马鞍后便任由人鞭抽，是因为被绳牵住。那么，我们的人生又常常被什么牵住了呢？一次比赛，常常让我们殚精竭虑；一次成功，常常让我们忘乎所以；一次失败，常常让我们痛苦不堪；一段情缘，常常让我们愁肠百结；等等。这些皆因绳未断啊！利是绳，欲是绳，尘世的诱惑与牵挂都是绳，它们捆绑了我们每个人的手脚。试问，人生三千烦恼丝，我们斩断了多少根？放弃一些不必要的欲望，可以消除很多无名的烦恼。

其实，生活比我们预设的要简单得多，在现代文明之前，人类的欲望还是有限的。庄子曾经提倡虚静寡欲、退守不争、清静自然、质朴温馨、逍遥自在的生活;"采菊东篱下,悠然见南山",陶渊明曾过着心情闲适、悠然隐逸的雅致生活。远离了尘世的纷扰,但求心理上的安宁与清静,是一种最本真的生活状态。

社会发展到今天,再提倡那种清静无为的生活,毕竟不太现实,也违背历史的发展规律,因为精神的追求与物质的发展并不是背道而驰的。肯定正常的生活需要,但原则是不要"心为形役",不要让内心受到不必要的欲望的束缚和牵绊。我们追求物质上的富裕,更要追求精神上的充实。

如果为了追求身外之物,如名誉、权力、地位等,而损害健康甚至送掉性命,便是舍本逐末。有一些人放纵自己诸多的欲望,最后,失去了生活的乐趣,失去了生活的自由,也失去了生活的本真。

剑桥大学一名教授说过:"快乐并不是遥不可及的东西,重要的是在你的心里给快乐留一块空间。"人人都在追求快乐,但要真正找到快乐,就必须学会舍弃一些不必要的欲望。快乐主要是内心的感受,与外部环境无关。

真正的快乐是内心充满喜悦,是一种发自内心的对生命的热爱。不管外界的环境和遭遇如何变化,都能保持快乐的心情,这就是一种知足的心态。

人生快乐与否,在于内心是否充盈,而不在于物质是否丰厚。追求太多不必要的欲望，不仅会消耗我们的时间与精力，还会剥夺我们享受生活的快乐。因此我们要以知足的心境对待一切，将那些不必要的欲望拒之门外，那样才能拥有内心的宁静和淡泊。

·成事要点·

要以知足常乐的心态对待一切，将那些不必要的欲望拒之门外，这样才能拥有内心的宁静和淡泊。

有竞争才会有发展动力

在工作中，你不难发现这样一种现象：一个人如果没有了对手，就只会成为一个平庸、碌碌无为的人；一个行业如果没有了对手，就会丧失进取的意志，安于现状而逐步走向衰亡；一个群体如果没有了竞争对手，就会丧失活力与生机。所以，只有竞争才有发展、有活力、有进步。

人也如此，只有有竞争、有对手时，才会有危机感，才能积极进取。有的人把对手视为心腹大患，视为眼中钉、肉中刺，而有的人却把对手当作自己的"营养源"，不断地从他身上汲取"养分"，而后一种人最终也成为在竞争中不断发展的人。

赵恒在一家公司做部门负责人，并且很受总裁的重视。

但是后来，公司招了一个新的负责人，这个人的工作能力非常强，又特别会处理人际关系，很快就得到了总裁的青睐，赵恒的地位渐渐地被他取代了。

总裁的轻视、手下员工的不满一下子给了赵恒莫大的压力。面对竞争，赵恒首先是找自身的不足，改变策略，调整心态，努力完善自己。大家都工作时，他以更认真的态度对待工作；大家都下班时，他继续钻研业务，调研市场，寻找工作中需要完善的地方，充分掌握行业内的最新动态。

接着，他要求自己手下的员工以积极的心态去面对挑战、面对竞争，不断进取，不断超越自己。他告诉大家，每个人的成绩都不是一蹴而就的，都是要付出努力的。

就这样，他部门的员工不断地自我超越，并一点点地缩小了与其他部门的差距，而赵恒更是将所有压力都转化成前进的动力。在他的努力下，几个月以后，他向总裁提出了一份完善的工作改进计划。总裁又一次肯定了他的重要性，不仅再次重用了他，还给他升了职。

赵恒说，在那位新人没有到来时，他只想做好本职工作，但那位新人的举动刺激了他，激发了他做得更好的勇气，才使他有了今天的成就，否则他只会满足于原有的工作状态。

对手送给赵恒的是一份斗志，一份走向更好的未来的勇气。对手的存在激励他不断超越自我，正因为有了对手，他才有了激励自己、超越自己的动力，不断地在竞争中汲取前进的"养分"，而让自己不断地前行。

事实上，没有对手，我们就难以激发这种积极向上的争先意识，更容易安于现状。而有了对手后，我们便不得不奋发图强，不得不革故鼎新，不然我们就只能等待被吞并、被替代、被淘汰。

当然，我们如果在竞争中落后了，就要正视自己的不足。赵恒在不被重视的情况下，首先是找自己不足的地方，找自己落后于对手的原因，只有找到不足才能找到更好的解决方法。

在竞争中若处于不利地位，切不可逃避，逃避只能让自己后退。遇到竞争要迎难而战，不能因为惧怕就退缩。竞争并不可怕，可怕的是在找到自己的不足后还不求革新，拘泥保守。

要知道，良性的竞争可促使我们不断地自我提升。所以，我们既要沉着冷静，泰然处之，又要以敏锐的思维、高昂的斗志，时刻准备迎接挑战。路就在脚下，前途总是光明的！

·成事要点·

　　我们身处不进则退的激流中，只要你做一个积极进取的勇士，你就能从对手的身上找到更大的动力，不断前进，不断发展自我。不管取得的成就有没有自己想象的那么大，但有一点是肯定的——你在变得越来越强大。还有什么比这更重要的呢？

03

找"领头羊"做你的对手

如果一个人总是把弱者作为对手，那他只能一步步后退，即使赢了对手也毫无意义。如果你想做一个强者，就找"领头羊"做对手，去超越他。

找"领头羊"做对手，能让你看到自己与强者间的明显差距；找"领头羊"做对手，能让你知道自己如何才能走到最前列。如果你想最大限度地激发自己的动力，想奏响自己生命中最辉煌的乐章，就找"领头羊"做你的对手吧！

清朝末年，十八岁的乔之凯接手了自家的布行。在他们那个小县城里，像他家这样的布行有数十家，他家的生意只能在维持正常的经营下稍有盈利。由于布行很多，竞争之激烈是可想而知的。

乔之凯接手布行之后，想改变自家布行的现状，他暗想：不能再这样下去，一定要把自家的生意做得更大。在他们那个县城里，于家布行的生意最好。乔之凯想：我不和别人比，就和于家比。如果超过了于家，那我家的生意自然就做大了。

紧接着，他开始观察为什么于家的布那么受欢迎。经过考察，他发现，于家的布色泽鲜明，而且质感柔软，他家的服务态度也非常好。这些都是顾客在意的问题。

于是，他以于家的布为标准，从选材到着色，再到出售，每一个步骤、每一道程序他都做了改良。

然后，他再拿自家布行生产出来的布和于家的进行比较，发现质量超越了于家的。这些布在市面上销售之后，果然很受大家欢迎，乔家也终于成了远近闻名的大布行。

在上面的案例中，乔之凯通过向"领头羊"学习，看到自家布行的不足，并经过不断的完善和发展，最终超越了对手。

事情往往就是这样的，在激烈的竞争中，你必须选好一个对手，如果你想让自己发展得更好，那就要选这一行业的"领头羊"做对手。不管你能否超越他，你都会得到很大的提高。

如果乔之凯开始只选了一家稍比他家强些的布行作为竞争对手，他只能逐个地去超越，而这样的过程是缓慢的，他可能要浪费很多的时间。而他一开始就选了最强的对手，这样就能够看清楚自己与最强者间有多大差距，而只要超越了最强的对手，自己也就是最好的了。这让他少走了很多弯路。

人的抱负有多大，成就就会有多大。你要以最强者作为对手，在与对手的一次次较量中，学会如何成长，抓住成功的契机。最强的对手在给你最大的压力的同时也帮你找到了最短的成功之路。所以选他做对手，就等于选对了前进的目标。

乔之凯是一个有志气的人，他懂得如何让自己提高，如何给自己一剂最好的强心剂。虽然刚开始的摸索的过程是痛苦的，但这样的痛苦对有志者而言是一种享受。因为他们知道：不经一番寒彻骨，怎得梅花扑鼻香？

超越一个比自己强毫厘的人和超越"领头羊"，哪个更能成为你的强心剂？一定是后者。如果你是一个有胸怀的人，那么就选那个最强的人作为自己的对手，作为自己的超越对象，一点点、一步步地前进，你每向他靠近一步，就已经超越了其他对手十步甚至百步。

·成事要点·

"领头羊"是一个群体、一个行业中走在最前面的人：他们是能够引领前进方向的人。对于你个人而言，怎样才能让自己得到最好的发展呢？无疑就是找"领头羊"作为自己的竞争对手。

04

最强的敌人莫过于你自己

人们喜欢说"逆境出英雄"，其实，这是因为在逆境中的人，首先需要战胜的就是自己，而自己正是自己最大的敌人，战胜了自己就意味着已经战胜了最强大的敌人。这样的人，在任何困难和阻碍面前，都会显得格外沉着而有智慧。

一场意外的火灾夺走了很多无辜的生命。有一对求生欲十分强烈的兄弟成为这次火灾中为数不多的幸存者。然而，他们虽然侥幸生存下来，却被烧得面目全非，原本英俊帅气的小伙子，如今人人避之唯恐不及。他们只能咬着牙适应这副丑陋面孔。他们的生活在这场火灾之后发生了翻天覆地的变化。他们再不是当初受人欢迎的帅哥了，来自四面八方的鄙夷目光摧毁了他们脆弱的自信心，生活对他们来说成了一种无言的煎熬。

哥哥不堪忍受生活的打击，趁人不注意，偷偷服下安眠药，离开了人世。弟弟则坚守着"生命无价"的信念，咬着牙坚持了下来。

后来，弟弟成了一名货车司机，每天重复着单调寂寞的生活。一天，当他行驶了一半的路程时，天空下起雨来，路面很滑，他不得不小心翼翼地慢慢开车。突然，他发现有一个人站在不远的地方求救，他犹豫了一下，还是停下了车。原来那个人的车子在附近抛锚了，却没有一个人愿意停下来帮忙。那个人是一个很有影响力的富翁，富翁为了报答这个忠厚的年轻人，就给他经营运输公司的机会。弟弟凭借着诚信和实力，渐渐地打开了市场，并迎来了医术发达的时代。他有了足够的钱去整容，最后恢复了正常的生活。

固然，有些时候外界带给我们的伤害，我们无力阻止，可是伤害的程度，我们是能够掌控的。要知道真正能够伤害你的只有你自己。外界的伤害只是一时的，这些完全可以被消化吸收掉，而如果你的内心一直不肯放下这一时的伤害，那只会让它逐渐膨胀。所以你在埋怨命运的时候，请好好地想一想，是不是你给了自己伤害自己的理由。

人生遇到的最大阻力往往不是源于别处，而是源于自身，但能够带给你最大机遇的同样是你自己。其实，我们的一生都是在同自己作战，如果输给了自己，就等于承认了自己的软弱，接受了生活的现状，那么你也将失去改变的可能性。任何时候，都要给自己一些信心，相信你自己是最好的。

·成事要点·

我们还有很长的路要走，不要让自己的心灵背负沉重的包袱，时刻提醒自己：你最大的那个敌人，其实就住在你的心里。

第五章

讲心态：人生没有什么不可放下

不要成为被盛名宠坏的人

生活不是舞台，没有永远的追光，即使在意气风发的时候，我们也要保持清醒，不要沉迷在赞扬里。你要记住，那些高光时刻无论多么绚烂，都会过去。

有位世界级的小提琴家在指导别人演奏的过程中，很少说话。每当他的学生拉完一首曲子之后，他都不多说话，只是亲自再将这首曲子演奏一遍，让学生聆听，并从中学习一些拉琴技巧。

他在接收新学生后，都会先让学生表演一首曲子，想摸清学生的底子，再分等级进行教育。

这一天，他收到了一位新学生，琴声一起，在座的每个人都听得目瞪口呆，因为这位学生演奏得相当好，他的琴音好似天籁。

　　学生表演完后，所有人都认为小提琴家为了顾全自己的面子，一定会对这个孩子给予不好的评价。出乎意料的是，小提琴家照例拿着琴上前，却把琴放在肩上，久久没有动。最终，他又将琴从肩上拿了下来，并深深地吸了一口气，接着就满脸笑容地走下台。这个举动令在场所有的人都感到诧异。

　　小提琴家则缓缓地向大家解释道："这个孩子的演奏实在太完美了，我恐怕没有资格去指导他！起码在这首曲子上，我的表演可能只会误导他。"

　　这时候，大家都明白了这位小提琴家的胸襟，台下顿时响起一阵热烈的掌声，送给这位演奏得好的学生，更送给这位小提琴家。

　　这就是大师的风采，不为盛名所累，坦然地承认学生比自己演奏得更加精彩，展现出了自己良好的风度和艺术修养，为自己赢得了更多的掌声。试想，如果小提琴家为虚名所累，自恃权威，不接受学生优于自己的现实，那么，他不但得不到别人的认可和掌声，还会输掉自己的风度，给人留下沽名钓誉的印象。

　　面对纷繁的世界，很多人都会迷失心智，不懂得舍弃虚名，失去了生活的乐趣，自己的一举一动、一言一行都要符合自己的身份，这就像给自己带上了名誉的枷锁，失去了生活的自由，也失去了生活的本真。而反观那些真正快乐的人，却知道不为声誉所累，摆脱束缚。正如著名的物理学家爱因斯坦所说："除了科学之外，没有哪一件事物可以使我过分喜爱，而且我也不过分讨厌哪一件事物。"

刻意追求那些看不见、摸不着的虚名，正是我们心态失衡的罪魁祸首。心中的贪婪让我们舍不得，结果给自己留下了许多的遗憾。旷世巨作《飘》的作者玛格丽特·米切尔说过："直到你失去了名誉以后，你才会知道这玩意儿有多累赘，才会知道真正的自由是什么。"盛名之下，是一颗活得很累的心，因为它只是在为虚名而活着。同时，虚名还会使人放弃努力，沉睡在已经取得的荣誉上，不思进取，最后将一事无成。正如方仲永活在虚名之下，不再刻苦努力学习，最后他的那些天赋、才能都离他而去，一生无所作为。

懂得舍弃虚名，不为虚名所累，这才是健康心理的最佳表现。追求自己的人生目标，就不要让花环、桂冠挡住你前面的道路，而是忘记一切身外之物，走自己的路，干自己的事，不让小成就妨碍自己的大成功，这样你才能获得真正的荣誉。

我们要清楚地明白：名誉、声望等都是身外之物，如果我们不懂得舍弃这些，就会陷入人生的陷阱，为名誉所劳累，为名誉而奔波，再也体会不到什么才是人生的快乐。

你的人生不该被别人左右

别人买了一辆奔驰，你拼命攒钱也买了一辆；别人去马尔代夫的别墅度假，你拼命攒钱也去那里度假；别人得到的东西，你也要得到，哪怕付出再多的代价。这不叫努力，而叫攀比，你已经完全被别人牵着鼻子走了。

北宋道教宗师悟真先生张伯端在《悟真篇》里写下了一句豪气干云的话："我命由我不由天。"这话并不是否认自然规律的存在，而是告诫世人与其笃信天命，不如修身养德，主动把握自己的命运。这无疑是一种积极的人生观。

我们若能做到自立、自强、自律，就能经营好自己的人生。如此一来，我们就不必把希望都寄托于虚无缥缈的"天意"，而是有方向、有规划地为自己而活。遗憾的是，并非每个人都能做到这点，甚至包括那些看起来为了某个明确目标而拼搏的人，也未必真正为自己而活。人是社会性动物，没有人能在隔绝社会的状态下独自存活。哪怕是那些足不出户的"宅男""宅女"，也要靠水、电、气、网的工作人员等，才能维持每一天的生存。从这个意义上说，无论我们的社会地位有多高，财富有多雄厚，都无法脱离对整个社会的依赖。但是，没有人能代替其他人生活，每个人也只能对自己的人生负责。可惜的是，许多人没想明白这点，总是让别人左右自己的人生。

春秋时期，齐国有个穷人，靠在城里要饭为生。城里的人都很讨厌他，时间一久就不再施舍他了。后来，那个人到贵族田氏家给马医当助手，靠着劳动所得来维持生计。在当时，马医的地位非常卑微，何况是马医的助手。所以人们常常嘲讽他："你靠着马医吃饭，难道不感到羞耻吗？"他却说："天底下没有比要饭更耻辱的事情了。我连要饭都不以为耻，难道会觉得靠给马医当助手为生很羞耻吗？"这个齐国人很穷，最后也没获得成功，但他想得比很多人都透彻。他不与别人攀比，也不在乎别人的眼光，只是自己和自己比。之前是靠着讨饭来填饱肚子的乞丐，后来能自食其力，这就是一种进步。

尽管这种进步在普通人看来微不足道，但他至少懂得在有限的人生选择里抓住自己更需要的东西。反观有些人，通过努力也挣了一些钱，但又很快将其投入与别人的攀比中。没有超过他人的财力与实力，但就是不想输掉面子。于是，每天都活在与周围人的较劲中。为了完成攀比目标，不断牺牲自己真正需要的东西和已有的东西。问题是，你的人生不该为别人所左右。别人的幸福生活，只是你努力方向的一个参考，而不是你生活的最终目标。就算你事事能超过他人，也会很快发现自己的内心空虚依旧。因为你只是得到了大家追求的东西，而不是自己想要的东西。为较劲而努力，绝对不会给你带来真正的幸福感。

对于一个追求最强称号的天才而言，与更厉害的天才活在同一时代简直是个悲剧。例如，日本围棋高手桥本宇太郎原本是一个少年成名的天才。但是，他的好友吴清源和木谷实的天赋更出色，成绩也更优异。这两个人长期占据棋坛领袖的地位，连桥本宇太郎这样的天才棋手也动摇不了他们的绝对优势。但桥本宇太郎并不嫉妒这两位好友，也从未觉得自己活在他们的阴影下。这是因为桥本宇太郎有着自己独特的"马拉松人生观"。桥本宇太郎二十岁左右时观看过一场马拉松比赛。在比赛中，早稻田大学的一位长跑名将一路领先。后来有个小伙子也把其他人甩在身后，紧紧跟着第一名。那位长跑名将非常紧张，时不时回头看对手的位置……这一幕让桥本宇太郎领悟了一个道理：做天下第一是一件令人提心吊胆的事，因为会一直担心被后面的人超过。因此，桥本宇太郎确立了自己的人生哲学——不做那个辛苦受累的第一名，而是稳定在第二或第三名的位置，时刻准备赶超第一名。这样的人生既有前进的动力，也更轻松愉快。

事实证明，桥本宇太郎虽然不是棋坛第一高手，却真正掌握了自己的人生。他在棋局中全力以赴，但不在其他地方与别人攀比，也不和自己较劲。最终，桥本宇太郎成为那一代棋手中职业生命最久的人。比起两位早早退出一线的好友，他有更多时间来经营自己热爱的事业。

"马拉松人生观"中蕴藏的大智慧，让桥本宇太郎努力活出了精彩而快乐的人生。最重要的是，这种人生完全是他自己选择的，不为他人所左右，也不为外物所累。反观那些沉迷于攀比与较劲的人，简直是努力不到点子上。

·成事要点·

如果你处在功利且浮躁的环境中，你的心态不能乱。社会发展节奏加快了，人们往往像齿轮一样被动地跟随着不断加快的节奏，很少认真思考自己想要什么和能做什么。当你找到自己的梦想时，你的人生才是真正有意义的。

宽恕别人的错误

"人非圣贤，孰能无过。"不过，当别人伤害你时，你千万不要破罐子破摔，而是要用一颗宽容的心去感化那些伤害过你的人，试着原谅他们对你的伤害。

宽容是一种润滑剂，可以消除人与人之间的摩擦；宽容是一种镇静剂，可以使人在众多纷扰中恪守平静。宽容是强烈的阳光，可消融彼此间的猜疑的积雪；宽容是一座桥梁，可将彼此间的心灵沟通。越是睿智的人，越是胸怀宽广、大度能容。因为他洞明世事，看得深，想得开，放得下。也因为他非常聪明地发现：处世让一步为高，退步即进步的根本，待人宽一分是福，是利人又利己的根基。富有仁爱精神的人，也必定是宽容的人。"老吾老，以及人之老；幼吾幼，以及人之幼"，不苛求于己，也不苛求于人。所以，与刻薄多忌的人相比，宽容的人必定有好人缘，有更多的快乐。

　　某次战争期间，一支部队在森林中与敌军相遇，激战后，有两名战士与部队失去了联系。这两名战士来自同一个小镇。他们在森林中艰难跋涉，他们互相鼓励，互相安慰。十多天后，他们仍未与部队联系上。一天，他们打死了一只鹿，依靠鹿肉又艰难地度过了几天。也许是战争使动物四散奔逃或被杀光，此后，他们再也没看到过任何动物。他们仅剩下的一点鹿肉被年轻战士背着。这一天，他们在森林中又一次与敌人相遇，经过再一次的激战，他们巧妙地避开了敌人。

　　就在他们以为已经安全时，只听一声枪响，走在前面的年轻战士中了一枪——幸亏伤在肩膀上。后面的士兵惶恐地跑了过来，他害怕得语无伦次，抱着战友的身体泪流不止，并赶快把自己的衬衣撕下包扎战友的伤口。

　　晚上，未受伤的士兵一直念叨着母亲的名字，两眼瞪得圆圆的。他们都以为他们熬不过这一关了。尽管饥饿难忍，可他们谁也没动身边的鹿肉。第二天，部队救出了他们。

　　时隔三十年，那位受伤的战士说："我知道是谁开的那一枪，就是我的战友。在他抱住我时，我碰到了他发热的枪管。我怎么也不明白：他为什么对我开枪？但当晚我就原谅了他。我知道他想独吞我身上的鹿肉，我也知道他想为了他的母亲而活下来。这三十年，我假装根本不知道此事，也从不提及。战争太残酷了！他母亲还是没能等到他回来，我和他一起祭奠了她老人家。那一天，他跪下来，请求我原谅他，我没让他说下去。我们又做了几十年的朋友，我宽容了他。"

宽容是一种美德，宽容别人就是善待自己。宽容是一种智慧，是一种气度。若一个人的生活总是被怨恨包围着，心情就不能自由舒展，就永远生活在黑暗之中。

宽容是一种修养、一种度量、一种成熟、一种境界。但宽容也是有限度的，那就是"是非观念与道德标准"。并非每个人都心存美德与善良，因此，在倡导宽容的同时，还应该保持宽容的原则和底线，这才是真正的宽容。

学会宽容，许多的恩怨情仇就会化为过眼云烟；学会宽容，就可以将所有的误解和猜疑都置之度外。在人际交往和工作中，我们对所有的善意的谎言都可以给予宽容，对偶然的失误也可以给予宽容，对于任性可以给予宽容，对于他人无意的伤害也可以给予宽容。生活会因为你的这份宽容而变得更美好！

·成事要点·

　　宽容有三种境界，以养鱼为喻：最初级的境界是玻璃缸赏鱼，只让它在一定的范围内活动；中等境界是池塘养鱼，因地就利，因势利导，水活鱼肥，鱼肥水更活，相互成就；最高境界则是江海生鱼，海阔任鱼游，由此也成就了海的博大。

胜人者有力，自胜者强

"道高一尺，魔高一丈。"你越是努力修行，就会经受越多的考验。人生在世，难免要与他人较量，能战胜他人，说明你很有实力。但比起战胜他人，战胜自己，才称得上是真正的人生强者。

爱拼才会赢。奋斗的乐趣就是跨越一道道障碍，完成鲤鱼跳龙门的升华。大多数人都喜欢看跌宕起伏的故事：弱者通过不懈努力，终于战胜了强大的对手；"学渣"立志发愤读书，终于成了多才多艺的学霸。这种先自胜再胜人的桥段，令人百看不厌。只是胜人不易，自胜更难。每个人都存在这样或那样的不足，尤其是心中的懦弱，常常会毁掉自己前进的信心与勇气。只有战胜这点，我们才能变得更强，完成一些原以为自己无法完成的任务。

战国时期，燕昭王在苏秦与乐毅的帮助下，促成了反齐统一战线。名将乐毅指挥五国联军在济水之西大破齐军，齐缗王仓皇逃离首都临淄，不可一世的齐国顿时陷入灭顶之灾。田单当时是只是负责管理临淄市场的一名小吏，在朝野没什么名气。燕军汹汹而来时，他回到老家安平城，让族人准备逃难。不久，燕军攻打安平，齐国百姓纷纷逃跑，很多马车因争道而毁坏，人也沦为俘虏。田单族人由于早有准备，成功逃到了即墨城。

燕军横扫齐国全境，唯有即墨和莒城两座重镇没有投降。即墨大夫出城迎战，不幸阵亡。全城军民推举田单为将军，继续指挥大家抗燕。敌强我弱，孤城难守。没有带兵经验的田单，毅然选择临危受命，担负起齐人最后的希望。田单多次阻止了燕军的进攻，即墨军民在他的带领下一直没有放弃希望。经过五年坚守，田单终于等到了反击的机会。

燕昭王去世，继任的燕惠王与上将军乐毅不合，乐毅受到了猜忌。田单想尽办法鼓舞大家的士气，最后用火牛阵大破燕军。他的胜利激起了齐人抗燕的希望，各城邑纷纷叛燕响应田单。田单顺势收复了失地。田单复齐堪称军事史上以少胜多的奇迹。在五年的困守中，田单有很多理由可以放弃抵抗，放下这个看不到未来的重担。但他还是咬牙坚持，绞尽脑汁地对抗命运，硬是支撑到了转机到来。

想要战胜对手，必先战胜自己，克服自己的胆怯与不足，勇往直前。田单确实有用兵才能，但他之前没当过将军，而他的对手乐毅是当世名将，能与之正面交锋的将军屈指可数。纵然如此，田单还是克服了自己的恐惧，以勇敢和机智与乐毅周旋了五年，熬到了胜利。田单的战绩令天下人瞠目结舌，也令史家赞叹不已。这堪称是自胜者强的最好注解。

人的生命是有限的，但奋斗是无止境的。战胜自己绝非一次性的任务，而是一辈子都必须努力去做的事。当你默默无闻时，最大的敌人不是你尚未战胜的竞争对手，而是你自己的软弱无力；当你功成名就时，最大的敌人不是你已经战胜的竞争对手，而是你的自满。田单因光复齐国之功被齐襄王封为安平君。他执政时兢兢业业，爱护军民，但也变得骄傲自满。

有一年，田单准备率军攻打狄地。他在战前向策士鲁仲连求教，鲁仲连却预言："田将军肯定不能拿下狄地。"田单不悦，反驳道："想当年，我依靠即墨的五里之城、七里之郭与少数残兵败将，就能击败兵多将广的燕国，收复七十余座沦陷的城池。现在攻打区区一个狄地，先生却说我打不赢，这是为什么？"他不等鲁仲连答话，就拂袖而去。

当年光复齐国是以少胜多，这次攻打狄地是以多击少，以田单的用兵才能，怎么看都应该能一举获胜才对。然而，战况居然与鲁仲连的预判如出一辙。齐军猛攻三个月，硬是没能取得狄地。齐国百姓对此怨声载道，还编了首童谣讽刺田单："大冠如箕，修剑挂颐，攻狄不能下，垒枯骨成丘。"这一下让田单真的着急了。他连忙向鲁仲连求教："先生之前说我拿不下狄地，没想到一语成谶。这是什么原因呢？"鲁仲连解释道："当年您坚守即墨的时候，一坐下来就帮大家编织草筐，站起来就用耒挖土作业，还常常激励将士们：'无可往矣！宗庙亡矣！魂魄丧矣！归何党矣！'在那个时候，将军有死战复国的决心，士卒们没有畏敌怕死的念头。齐国父老听了您这句话，没有哪个不是挥泪振臂而嚷嚷着要战斗到底的。所以，您能战胜强大的燕国。可现在呢？您贵为齐国安平君，东有夜邑的丰厚租赋可用，西有淄水可以游乐，腰带上挂满了黄金装饰，驾着车马四处驰骋。享乐的生活过得太久，就不会再有与敌军死战的决心了。所以，我才说您这次肯定不能取胜。"

田单惭愧而坚定地说："我还是有死战的决心的，请先生记住我这句话。"第二天，田单到前线视察部队，极力激励士兵们的士气。他站在敌军弓箭与礌石都能射到的地方，像在即墨时那样亲自击鼓指挥战斗。没多久，狄地被齐军攻破了。

曾经的辉煌让田单迷失了自己。虽然他已经功成名就，但现在的他和过去的他相比，反而是在退步。当年以孤城力挽狂澜的军事家，竟连一次普通的攻城战都打得不顺利，并不是因为敌军有多么强，而是他在战斗前就已经败给了自己。在即墨的时候，田单面对的困难很多，条件也很差，但他有抗战到底的决心，激励自己与众人不断努力。在攻狄时，田单掌握着优势，以为这次战斗能轻而易举地获胜，所以并没有太尽力。主帅没有决战的雄心，士兵们自然也提不起精神去勇猛拼搏。齐军表面上有优势，但缺乏努力的劲头，战斗力大打折扣，战事不顺也是理所当然的。所幸的是，田单在面对鲁仲连的批评时能幡然醒悟，战胜了那个耽于享乐的自己，变回了那个敢打敢拼、身先士卒的田单，这才避免了失败。

"胜人者有力，自胜者强。"我们身上有不少缺点有待克服。哪怕是通过努力把自己变成了理想中的样子，也不能放松警惕。

·成事要点·

　　当你的生活一帆风顺时，你可能会在不知不觉中忘记那个曾经奋斗不息的自己，忘记努力的意义，忘记自己最初的梦想。这会让你从巅峰上滑下，犯下更多不该犯的错误，断送多年努力的成果。人生总是有输有赢。真正的成功并不是战胜所有的竞争对手，站在世界的顶峰，而是不断战胜自我，做一个不断进步的自强者。

第六章

讲工作：职场要努力，升职加薪有诀窍

有能力很重要，但善于推销自己更重要

　　苏晓如今已是一位家庭幸福、事业有成的职场女性，但是在这之前，她还是公司里一名默默无闻的小职员。她的这种改变源于她在一次管理学讲座上的所闻所得。那次讲座的主讲人是一位国内著名的企业家，他说："一个人要成功，首先得让自己被别人注意到，提高自己的身价。"苏晓受益匪浅，她认为机会是不会主动走到自己面前的，因此要努力创造条件，这样才能得到机会的青睐。她也找到自己虽然一直埋头苦干，却仍然是公司基层员工的原因了。

　　之后，苏晓做的第一件事就是理好自己的人脉网。她把公司里和自己可能有往来的人员名单从头到尾背了一遍，并牢记于心。她开始有计划地与这些人接触，通过正面和侧面

途径对这些人进行了解，使自己尽量熟悉他们。在与人交流时，她总不忘努力称赞别人。

苏晓完成自己工作的同时，还很热心地帮助身边的同事。同事们对苏晓乐于助人的品行和优秀的才能表示了肯定，这样就帮助她提高了知名度，成功地为她起到了宣传的作用。不久以后，很多以前不怎么注意苏晓的同事也开始热情地跟苏晓打招呼。重要的是，苏晓的这些好名声引起了公司领导的重视。于是，领导在做决定前，也总想听听她的意见，然后再做出明确的决定。与领导接触的机会多了，苏晓觉得自己办起什么事来都得心应手了，而同事们也更加乐意在她身边帮助她。

对于自己能力的提高，苏晓不敢懈怠。她买了一些管理学图书和一些与自己工作相关的图书，并且一边上培训班，一边利用空余时间自学。很快，苏晓内在的提高就使她在处理问题时驾轻就熟。不仅如此，对于工作以外的事情，她也能提供有价值的建议。很快，办公室里的同事们都知道了她的勤奋和努力，她也变得更加让人钦佩了。

苏晓的名声很快在业内传开，有几家大公司决心把她挖走。对于苏晓的工作表现，公司领导非常满意，他们不想失去这么一位优秀的员工，因此决定给她提供更广阔的发展空间，并帮助她解决了很多实际的困难，使她能够安心工作。

公司不是发掘你的潜能的地方，而是你展示自我的舞台。不要期待老板或者同事有十足的耐心来评估你的价值；如果你有这种想法，那么很不幸，你迟早要进入被淘汰的行列。苏晓的成功就给了我们很好的启示，如果不能及时改变自己的思路和想法，就永远只是公司里的一个小角色。

那么如何包装自己，完美地推销自己呢？

第一，自抬身价，自卖自夸。

你要知道，人人都想和优秀的人结交。在面试时，如果你来自三流的大学，而竞争对手来自一流的大学，可想而知，你大概率会失败。"以己之长，攻彼之短"才是上策。所以，你需要适当地自抬身价。

唯有自抬身价，别人才会对你另眼相看，甚至暗暗地佩服你。对自己的长处，我们要尽力地展现出来，把对方的注意力吸引到我们的优点上而不是缺点上。

第二，创造展示自我的机会。

机会不是等来的，就看你是否善于制造机会。比如适当地在重要的公开场合亮相，或者偶尔成为众人瞩目的焦点。如在公司会议上，主持会议的领导偶尔犯了错误，这时你会怎么办呢？说，还是不说？

"智者千虑，必有一失。"很多人会因为对领导的崇拜而选择闭口不言，任由会议在错误中进行；也有的人会因为对权威的恐惧，而不敢触怒领导。然而，如果按照领导的错误思想走下去，将来可能就会出大娄子。而且，这个时候也许是你难得的一次表现机会，在这样的场合"曝光"，就能展现出你非凡的能力和见识，就能让领导和同事看到你的价值。

也许最终你的意见并未得到采纳，但是原本毫不起眼的你一定被人们认识了，也许他们会在后来的失败中回忆起你的表现，夸赞你的才能和英明。因此，在这样的重要场合，千万不要顾忌面子。如果你还在担心"我说出来大家会不会难堪"这样的问题，就注定你很难成就大事。

当然，我们"曝光"的方式也要委婉而含蓄，不要太过扎眼，强出头的方式不仅无法很好地推销自己，还有可能会让自己成为别人谴责的对象。另外，"曝光"的次数也不宜过频、过多，否则会给别人留下爱出风头的印象。

·成事要点·

很多人虽然通晓古今、学富五车，但却因为不会推销自己、展现自己的才华，最后落得个怀才不遇的下场，不能为世所用。因此，你哪怕是千里马，也要主动去寻找赏识自己的伯乐才行。在人才济济的今天，如果还坚信"姜太公钓鱼"，恐怕你的头发都白了也无人问津。所以，你要成功，就首先要学会推销自己，大胆而完美地"秀"出自己。

只有不可取代才不会被淘汰

李梅从英国留学回国后，进入一家公关公司工作。老板很看重李梅的留学背景，经常在口头上表达对李梅的重视，督促大家积极地学习，以免被淘汰出局。被重视当然是件好事，但是被老板说出来就不好了，李梅明显感觉到了来自周围的压力，尤其是同一部门的柳静的。

柳静在公司里已经干了很长一段时间，李梅进入策划部后就被分配到了她的部门，和她一起负责活动的策划工作。李梅的到来无疑给了柳静很大的压力。

不久，她们就接手了一个重要项目，两人每天都讨论到很晚。因为刚进入公司，李梅想要好好地表现一下，于是她卖力地出主意、想点子，提出了一个又一个方案。可令李梅没有想到的是，柳静单独见了老板，把她们一起做出的方案呈给了老板，却绝口不提她的名字。结果，老板赞赏了柳静的积极表现，对李梅的表现则比较失望。李梅有了危机意识：如果不脱离这种困境，自己可能会被扫地出门。

此后，在讨论策划方案的时候，李梅都会在大家的面前说出她的创意，让大家都知道她的优势：有点子，有创意，懂得揣摩客户的心理。这些都是柳静所不具备的。李梅更是在以后的工作中，不断强化自己的优势，并成为公司的中坚力量。而柳静在那之后，就再也没有拿出过好的策划方案，成了一个可有可无的人。半年后，柳静就主动提出了辞职。

市场不同情流泪人，职场也同样如此。也许公司去年还当你是块宝，但是今年却让你备受冷落；也许上个月你还是公司叱咤风云的人物，但是这个月你已经面临被辞退的危险……职场中有太多的大起大落了，你可以感叹，可以抱怨，却对此无能为力——这就是现实。

如果你不幸成为被公司扫地出门的人，那你就需要反省了，否则在下一家公司，你同样会面临这个问题。你不能怪公司，不能怪他人，怪只能怪自己能力不足。唯有让自己无可替代，才能保证自己无后顾之忧。

正如本节前面的案例一样，柳静在职场中的地位轻易被李梅所动摇，为了保全自己的地位，她通过一些不正当的手段来维护自己的利益。但是不幸的是，她的手段并不高明，反而引起了对手李梅的警觉，最终李梅完全取代了柳静在公司的地位。我们之所以明显有了危机感，就是因为我们的地位正在遭受他人的威胁，我们意识到自己的位置会被他人取代，这就是问题的所在。而解决的办法也只有在自身上下功夫——提升自己的不可取代性。

只要你有存在的价值，具有他人所无法取代的优越性，公司就不会亏待你。正如我们都愿意结交比自己更优秀或者对自己有价值的人，而不愿结交对自己毫无帮助且三天两头给自己带来麻烦的人；我们总会对某些人印象非常深刻，因为他们的地位无可取代，之所以如此，肯定是因为他们身上有别人所没有的东西。

如何让自己变得不可取代呢？从本质上来说，这个世界上只有两种人不可取代：一种就是某一领域里的强者，另外一种就是创新者。前者无人能敌，后者则永远走在别人的前面。所以，我们要做勇于吃螃蟹的第一人，而不要总是去咀嚼别人吃剩的馒头渣。

在公司里，没有能力，再能吹嘘自己也是枉然的。懂得抬高自己、推销自己固然重要，但是在往自己脸上抹粉的同时，也要努力提升自己的能力和实力，否则就是一具空架子。如今职场中出现了大量的"汉堡人才"，所谓"汉堡人才"，就是指那些拥有本科以上学历，持有至少一项职业资格证书或技能证书，但在跳槽时却屡战屡败，得不到理想的职位和薪水的人。这群人就如同巨大的汉堡，虽然外表光鲜，但是实际上没有多少"营养价值"。他们在工作的时候发挥不出自己的能力和实力，在这个竞争激烈的职场中，这样的人又有什么竞争优势呢？

要想取得成功，只有不满足于现状，努力提升自己，追求更高的目标。实际上，在提升自己的能力和实力的同时，也从根本上抬高了自己的身价。正如比尔·盖茨一样，他所具备的正是其他人所没有的才华，不仅是某一领域的最强者，更有不断创新的精神。所以，他的强大和富有是必然的。

如今有不少公司出于对成本等因素的考虑，经常将本公司的业务外包给其他公司。在这样的趋势下，未来的工作就会出现两种类型：一是可被取代的，也就是容易被外包的工作；还有一种是不可被取代的，也就是高附加价值的工作。

在这种新趋势下，每个人都应该认真想想自己的工作是否容易被取代，想想你的工作究竟是暂时性的，还是永久性的。而这些都取决于你是否有危机意识，是否不断地充实自己、提升自己，创造出自己的不可取代性。要知道，机会永远是留给准备充分的人的。《世界是平的》这本畅销书的作者曾说，只有"很特殊、很专业、很会调适、很深耕"的人，才不会在这股外包浪潮中被取代。

只要你肯用功思考，再简单的工作也可以做得很出色。

·成事要点·

无论是精进的技术，还是不断创新的思路，都是无可取代的资本。当然，如果你既没有高超的技术，又没有创新的点子，那么就掌握与人相处的诀窍吧。只要你善于与人沟通，人缘颇佳，同样能让自己变得无可取代。

你的未来是自己规划出来的

　　小虎是一家外企的总经理助理，他能说会道，而且在处理一些公司事务上给同事们留下了比较好的印象。所以不管是做事还是做人，小虎都可以算是职场白领中的佼佼者。他的优秀自然吸引了不少挖掘人才的其他公司，而在公司里觊觎小虎的职位的人也如同雨后的春笋，一拨没死心又来一拨。但是公司里的高层对小虎的工作很是满意，他在这个位置上也稳坐了五年之久。渐渐地，小虎不满足于现状，觉得自己可以朝更高的目标发展了。但是，小虎知道总经理是股东之一，不会被轻易取代，所以他毅然决然地选择了辞职。

　　他的这番职场规划却并没有如他预期中的那样顺利。他找到了以前来"挖"他的那家公司，出乎意料的是：他被拒绝了。这家公司之所以看重他，是因为他之前做总经理助理一职很出色，而他所应聘的总经理一职已经有人选了，这多少让他觉得有些灰心。

在接下来的几次面试中，小虎仍然不如意——不是他看不上小公司，就是大公司的要求高，看不上他，因此很长一段时间内小虎都没有找到工作。这让他非常着急，不仅因此面黄肌瘦，而且自信心遭到了严重打击。最后，他不得已在一家小公司做了总经理，但是上任不久后却因为管理不到位而辞职了。三番两次的折腾把小虎的工作热情都磨得消失殆尽了。

小虎的职场规划显然是出了问题，虽然在职场的发展方向上是遵循"人往高处走"的原则，但是在规划的过程中要做好充足的准备，有足够的能力才能进行跳跃。小虎虽然在以前的公司已经做得得心应手，但是并没有深入地了解管理层的工作，也没有做好充足的准备工作。很显然，小虎是犯了眼高手低的毛病。虽然他对职场方向想得很清楚，但是达到目的的方法却是错误的。像小虎这样的职场中人有很多——喜欢冒险，但是真正得到自己想要的职位后却力不从心，当初认为自己能够玩转职场，攻克一道道难题，然后如同电视剧里那样，登上梦想中的宝座，却在遭遇一次次失败后，连仅有的一点信心也土崩瓦解，甚至感叹世态炎凉，却不知自己在做职业规划时就已经犯下了一个错误。

职业规划是职业求得发展的前提和基础。盲目的努力无法帮助你取得好的成绩，就像大海上失去方向的航船，花费再长时间，都难以到达目的地。没有规划或者规划错误都会导致同一个结果——失败。因此，唯有正确的职场规划才是走向成功的道路。

为什么很多人到了四十岁，仍然在职场上默默无闻、原地踏步，甚至碌碌无为，混日子等退休，时刻面临着被淘汰出局的危险？不要抱怨运气不好，或者没有好的机会，想想是不是从来没有把职业规划当回事。

有人说："没有计划，就是计划失败。"这话一点不错，而且非常适用于职场。看看那些在职场上碌碌无为的人吧，他们通常都没有计划，抱着走一步算一步，混一天算一天的想法，从来不曾想过做一个长期的职业规划。

职场规划如此重要，直接影响着我们的前途，我们怎么能够不好好地规划一番呢？如何给自己制定一个科学的职业规划呢？成功学家给出了以下几个建议。

1. 对自己做一个明确的定位。

首先要对自己有一个客观而正确的评估：我的核心竞争力有哪些？这可以凭借自己的职业大环境来做评估，衡量并确定自己所拥有的竞争力。只有对现状有一个客观的认识才能制订一个切实可行的计划。

　　一般来说，衡量个人价值一方面是根据自己的市场竞争力，另一方面则是根据市场需求。构成竞争力的基本要素是个人素质，包括知识、经验、技能、阅历及解决问题、处理人际关系的能力等。

　　2. 写出自己想要达到的长远目标。

　　没有目标则没有动力，更会在职场中失去方向。因此，进入职场后，你一定要有一个明确的目标，比如你希望用五年时间成为公司经理，或者你希望八年后拥有自己的公司。当前能否做到并不重要，问题在于你是否有决心去做。

　　3. 把这个长远的目标分解成小目标。

　　有了长远的目标，并不可能马上就达成目标。之所以把大目标逐一分解，是为了让目标看起来并不遥远，让其看起来切实可行，避免失去前进的动力和激情。在我们逐一实现小目标时，正在逐步地走向胜利。当然，你的小目标也不能过于琐碎，因为职场中有太多不可预知的因素会打乱你的发展计划。

　　4. 做好跨越障碍的准备。

　　遇到的障碍，具体来说，就是阻碍你达成目标的你的缺点，以及所处环境中的不利因素。凡是影响和阻碍你达成长远目标的缺点都一一找出来，并下定决心加以改正，这样你就可以不断地进步。

5. 不断调整自己的规划。

你需要知道，计划始终不如变化快。生活中充满了太多不可预知的变化，我们自己的阅历的加深、兴趣的转移也会影响我们的职场规划。一成不变的职场规划肯定不是正确的规划，我们要根据自己的个人需要和现实变化，不断对职场规划做出调整。

职场规划只有坚定地执行才有意义，大部分人在长期的工作中容易变得麻木，那样即使是再好的职业规划，也会被搁浅。因此，一定要时刻提醒自己坚持不懈。

·成事要点·

成功的人生一定有着合理的规划：读书的时候，要有学习计划；工作的时候，要有工作计划。职业生涯同样需要计划，有了计划，你就能更好地把握未来；而没有计划，你将会陷入失败的沼泽。事实证明，科学的职业规划比努力更重要。

成功的标准不是合格，而是超越预期

A 和 B 在同一时间进入一家采购公司，他们学历相当，所学专业也一样。然而一年后，B 受到了上司重用，得到晋升，而 A 仍然是老样子。A 心里面当然很不服气，他觉得自己工作比 B 认真努力多了，凭什么 B 得到晋升，而自己却什么都没有？他认为是 B 使用了见不得光的手段才得以晋升，为了弄清楚事情的缘由，A 找经理询问。

经理思考了一下，对 A 说："能不能麻烦你去一趟市场，看看今天有没有新鲜的大闸蟹卖？"虽然 A 不知道经理究竟想干什么，但他还是什么都没有问，赶紧跑到临近的水产市场查看。

半小时后，A 回来了，一进门他就气喘吁吁地说："经理，水产市场上有刚上市的大闸蟹。"经理接着问他："嗯，每只大闸蟹的价格是多少？"A犹豫了一下，转身跑出去了，因为他根本就没问。半小时后，他跑回来说："每只大闸蟹的价格是五十元。"经理笑了一下，说："我们公司准备大量采购这批大闸蟹，货商们可以给出怎样的价格？"A挠了挠头，委屈地说："你没有告诉我这些啊！我这就去问。"经理叫住了A："你坐一下，看看B是如何做的。"

经理把B叫进办公室，同样吩咐他："B，麻烦你到市场上去一趟，看看还有没有新鲜的大闸蟹？"四十多分钟后，B回来了。他手上拎着两只大闸蟹，向经理报告说："经理，水产市场上有两个摊位售卖大闸蟹。第一家每只平均有四两重，每只卖五十元。而第二家每只平均六两重，每只要卖八十元。"经理听了点点头。B又继续说："我已经和摊主谈好了，如果我们公司一次性采购五百只的话可以打八折，如果采购更多的话价格上还有优惠。这是他们的名片。另外，我还从两个摊位上各买了一只大闸蟹回来给您参考……"

默默坐在一旁的A这时早已羞愧得满脸通红，已经无须经理再解释什么了。

很多人工作很努力，却得不到领导的认可，为什么呢？因为他们工作做得不到位。正如案例中的A和B，执行同一个命令，同样努力地完成任务，一个只是机械式地照做，一个不仅仅把领导吩咐的任务完成了，还做了额外的工作。如果你是领导，你会更喜欢哪位员工呢？

那么，有多少人是如同 B 一样完美地完成任务的呢？很多人一直抱怨自己没有得到领导的青睐，很大一部分原因在于自身，因为他们像 A 一样简单地按照领导的要求去做，如同一个木偶，领导吩咐什么就做什么，一个口令，一个动作，完全不想做得更好，只是简单地完成任务。在他们看来，"把事做完"胜过"把事做好"。因此，他们的工作效率总是很低，得不到领导赏识。

领导总是期待员工创造出更多的价值。同时，我们也应该认识到，当我们创造出足够的价值时，我们就会变得不可取代。很多时候，不是我们不想高质量地完成任务，而是自身的思想在束缚着我们：凭什么我要那么卖力地工作？如果你抱着这样的思想，那么你的工作始终不会完成得出色，你离领导对你的预期值也遥远得多，你就会与晋升、加薪的机会擦身而过。

身为职场中的员工，我们不仅要完成领导交代下来的任务，更要有头脑地完成任务。有心的人会更周全地考虑问题，力求一次把事情做好、做到位，如此，领导就能放心地把事情交给他来完成。而平庸的人永远只会回应一个口令、一个动作，虽然他们表现得极为认真，却难免做了很多无用功，因此工作效率低下，业绩也始终提升不上去。这样，他们不仅把自己搞得很辛苦，也会拖慢进度。这种只会机械地完成工作的职员是其他任何一名职员都可以轻松取代的。

在职场，许多事情都是需要灵活应变的，需要你先领导一步想到问题所在。你是否在完成工作的过程中又接到领导安排下来的另一项任务呢？此时，你又是否心怀不满和抱怨的情绪呢？无论如何，你都需要很快地在规定的时间内完成。如果你在此时迅速地完成任务，那么就能给领导留下反应迅速的印象，这也是高质量完成任务的表现。

齐格勒说："如果你能够尽到自己的本分，尽力完成自己应该做的事情，那么总有一天，你能够随心所欲地从事自己想要做的事情。"这里所说的"尽力完成自己应该做的事情"就是指高质量地完成工作任务，这与那些得过且过的职场中人有着显著的区别。如果你凡事得过且过，从不努力把自己的工作做好，那么你永远无法达到成功的顶峰。那么看看，你是否有着以下想法呢？

· 我今天终于完成了我的工作。

· 速度要快，质量在其次，差不多就行了。

· 现在的工作只是跳板，不需要我认真对待。

· 我的工作能够得到他人的帮助就好了。

一个人一旦被这些想法控制，不管他的工作条件多么好，交给他的工作多么简单，也很难全心全意地投入工作，也就不可能圆满地做好自己的工作。对这种员工，老板会时刻准备辞掉他。

· 成事要点 ·

你是否觉得工作闲得发慌，或者庆幸自己终于完成了任务，没什么事可做？你不要总是指望领导给你安排任务，相反，你需要自己主动地去争取，让领导觉得你是一个有进取心、上进心的人。你不应该只要求自己做好分内的事情，你要不断地尝试不同的任务，就算是很艰难的任务也不能放弃，这也是你展现自己能力的机会。你需要尽力完成，不要有"这不是我应该做的"这种想法，即使是额外的任务也需要欣然接受并努力完成，不仅要敢于接受挑战，更要完成得漂亮。

比有靠山更可靠的是让自己有价值

卢大最近想辞职，他认为自己继续留在这家公司里是没有发展前途的。卢大在现在这个公司里已经有三年多了，但三年过去了他依然是普通员工，甚至连工资都没有涨过。卢大分析：自己之所以没有得到晋升，是因为自己所做的后勤工作不受重视。

卢大所在的这家公司是一家外贸企业，公司很重视销售工作，把销售放在第一位。但卢大是从事后勤工作的，平时负责采购、安排会议、安排就餐以及提供销售支持等方面的工作。不仅工作内容杂乱，而且很难出彩。另外，这家公司还是一家家族企业，公司里的大部分管理人员都是老板的亲戚。卢大的顶头上司是一对夫妻，就是老板的表姐和表姐夫。在卢大看来，他们两个人根本不懂管理，而且经常对员工指手画脚，非常专断，员工根本没有发言的权力。

尽管如此，卢大最终还是没能下定决心辞职，原因就在于这家公司有一点比较好：工资待遇还是不错的，其他企业的同等岗位很难有这么好的薪资待遇。于是，卢大经过反复分析得出了这么一条结论：老板只听上司的话，根本不了解实际情况，自己做得再好老板也不会知道，所以自己今后要多在老板面前表现，等老板看到自己的表现后，自己升职就有希望了。

卢大的想法对吗？相信也有不少职场中人经历过此等遭遇。面对公司里复杂的裙带关系，面对独断专权的上司，自己的才能得不到发挥。难道没有靠山的职场中人真的就没有办法了吗？

在这个案例中，卢大就犯了许多职场中人都有可能犯过的错误。

第一，他认为自己工作得久就该有更高的职位。

在案例中，卢大认为自己在公司里已经待了三年多，不该仍旧是普通员工。卢大的想法是，在公司里待的时间越久就理应得到更高的职位。这也是绝大多数职场中人的想法。那么领导层是怎么看待这个问题的呢？

如果工作得越久就越有价值的话，那么，谁还会卖力地努力工作呢？在那里混年头就可以了。不要认为"没有功劳，也有苦劳"，这都是自我欺骗、自我安抚的话。如果你只是在那里混年头，做不出一定的成绩，只想当然地认为自己无私地奉献了自己的青春和大好时光，到头来恐怕你也只会被公司毫不留情地抛弃，因为公司在你奉献的时候并不是没有给你酬劳。

工作时间长的现实意义是：你曾经有很长时间和很多机会去展现自己的能力、创造价值，或者你和某某领导认识、相处了很久。很显然，卢大做得不够好，否则他为什么仍旧是一名普通员工呢？如果他仍旧没有改变，如此做下去，十几年、二十几年后，他可能还是一名普通员工。

第二，卢大认为自己没有晋升的原因是自己所做的工作不重要。公司非常重视销售工作，把销售放在第一位，而卢大是从事后勤工作的，这直接影响到了他的晋升。

这也是很多人认为自己得不到晋升的理由。事实上却并非如此。工作不重要是自己偷懒的理由，如果你因此总是应付了事，那么上司也会同样应付你。你真的把自己的工作做得圆满而出色了吗？

当然卢大能够做到没有大的纰漏，也证明了他有能力。但是仍旧需要考虑的是：是后勤工作没有价值，还是自己没有创造出价值？怎么创造价值？例如，如果他在采购环节或者日常开支方面能够很好地控制成本（质量高、使用周期长或者单品价格低），就是为公司创造了价值。只有先创造出价值，才能让老板看到其价值。

第三，卢大认为自己的上司不懂得管理，完全是靠裙带关系才能坐在那个位子上，因此自己得不到晋升的机会。

很多人喜欢把自己没有成功归咎于他人：我没有成功都是因为别人没有怎么样，别人应该怎么样……这些人从没有想过自己应该如何去做，如何做得更好，如何让别人认同自己，反而把大量的时间浪费在寻找借口上。

很多人总喜欢要求上司以这样或那样的管理方式来对待下属，这显然是不现实的。其实，不一定是上司真的不会管理，只不过是他没有按你所想的方式来管理而已。

这也就是说，如果你创造的价值低，你是无法让上司去迁就你的。只有当你创造足够多的价值的时候，他才会愿意为了你而改变。

了解了这一点，你也就清楚了为什么别人叫你做什么你就得做什么，为什么你没有发言的权力。因为你没有创造足够多的价值，也就没有足够的影响力。想要发言，先要有价值，否则别人为什么要听你的？

第四，卢大认为，要改变现状，就得让老板看到自己的优秀，得在老板面前多多表现自己。

不要希望让老板看见自己的工作表现，因为你的顶头上司不是老板，因为在老板面前表现自己很可能让上司难堪。俗话说："县官不如现管。"你过分追求在老板面前表现自己，只会让你的上司觉得你对他不满意。

综合分析，卢大所犯的错误就在于没有意识到职场中最本质的东西：价值。只有不断提升自我价值，才能有更大的竞争优势，也才能得到自己想拥有的一切。

生活中，我们经常听到一些人抱怨朋友不讲义气，公司不讲情分，等等。其实，你有没有想过自己的价值？比如：公司为什么要聘用我？朋友为什么愿意为我付出？我又能为朋友和公司带来什么？……弄清楚了这些问题后，也许你就会以更客观的心态看待公司，看待领导，看待朋友，看待你所得到的批评以及在工作中取得的成绩。

也许"被利用的价值"这个词听起来过于功利，但心理学家认为，互利是人际交往的基本原则。虽然社会提倡奉献和利他精神，但这是最高层次的人际交往境界，很难要求所有人都做到这一点。

因此，我们不必抱怨别人是多么势利，作为职场中人，你应该考虑如何为公司带来更多的利益。你要做的，应该是多想一想自己可以为别人提供什么价值。

面对竞争激烈的职场，你只有善于发现自己的优点，并借助外部环境，不断提升自己的能力，才能不断成长，不断升值。

第七章

讲家庭：婚姻很重要，但别丢了自己

不完美是常态，幸福也会有瑕疵

　　我发现一个特别有趣的现象：在一些大都市，如北京、上海、深圳等，结婚的年龄正在趋向大龄化。

　　我身边有一些朋友，已经三十五岁左右了，还没有结婚。我想他们不是真的找不到结婚对象，而是他们对感情太"苛刻"了，觉得既然已经熬到这个年龄了，更不能匆忙地随便找一个。

　　在他们眼中，爱一个人只有两个分值：要么是 100 分，要么是 0 分。无论是 90 分、80 分、60 分，还是 30 分，他们都会视为 0 分。他们不能接受自己的恋人有多次恋爱经历，不能接受恋人过去在感情上的任何瑕疵。

　　我的一个女性朋友跟我讲述过她的两次恋爱经历：

她和第一个男朋友交往了半年多，彼此的印象都很好。她生日那天，男友就陪她多喝了几杯。可能是酒后失言吧，喝到最后时，男友对她说了句："你是我交往过的五个女朋友中最好的一个。"

没想到这句话捅了马蜂窝，听了这话，我这位朋友觉得自己像吃了什么大亏，心想：都恋爱五次了，那你的感情还能纯洁到哪里呢？于是，那晚的生日聚餐最终不欢而散，就这样她和男朋友分手了。

她的第二个男友是个生意人，可以说事业有成。他工作很忙，但并没有因此而忽略对我这位朋友的照顾。一次，男友正在外地谈生意，结果我这位朋友突然生病住院了。接到她的电话，男友什么都没说就赶了回来。

这件事让我这位朋友很是感动，正在她觉得自己找到了真爱，准备和男友相伴终生的时候，却从别人那里得知他竟然是个离过婚的男人，而且还有个小孩。我这位朋友不愿听男友的任何解释，一怒之下，又和男友分了。

也许，我举的这个例子有点极端，但它却向我们说明了一个问题：感情中对对方太过挑剔、苛刻，是造成很多大龄人士单身的重要因素。或许是他们太过优秀，也或许他们早已不相信爱情。

"1"始终是最孤单的数字，我们的内心渴望着一份完美的爱情，期待着一份幸福的婚姻。然而由于我们的条件太过苛刻，有太多本来可以好好把握的姻缘，只因我们的一念之差，就永远地失去了。

在这个世界上，完美的爱情或许并不多。就是那些现在过得很幸福的夫妻，他们的爱情可能也没有我们想象中那样完美。但幸福的婚姻是经营出来的，很难一步到位。

所以，希望那些单身的大龄朋友别对感情太苛刻了。只有对对方少一分苛刻，才能为自己多争取一次机会。

·成事要点·

能在一起是缘分，也许他（她）不是绝对完美的，但只要你此刻是快乐、幸福的，那就好好珍惜吧。对"爱"宽容些，也许你的幸福更完美！

改变不了对方，就改变自己的沟通方式

常常听到很多女性朋友倾诉受不了丈夫总犯同样的错误，他们总是为同一件事争吵不休。其实，我们应该明白，越是在乎的事情，越是影响内心的平静，当我们把缺点和问题放大时，痛苦也在加倍。

一个朋友和我们分享了他如何改变他那不爱做家务的妻子的事："我不埋怨她，在她面前做家务时，我哼着歌，轻松地把家收拾得干净整洁。时间久了，她意识到住在整洁明亮的家中很幸福，从此她也享受打扫卫生的乐趣了。"用强迫的方式无法改变他人，唯有用爱、用包容的方式才能改变一个人。

有一个女人痛苦地向上天祈祷："什么时候你才能帮我改

变我的丈夫呢？为什么我要生活在这样的痛苦中？”

这个女人听到上天意味深长的回答：“当你改变的时候，就是你丈夫改变的时候。”

女人纳闷地说：“上天啊！我每个礼拜都去教堂，他总是制造各种麻烦让我生气。”

上天说：“关键是你不能保持心灵的平静，你没有原谅、包容他，你知道什么是你应该做的，但你没有去做。你真正去做到这些的时候，就是你丈夫改变的时候。”

女人回到家，体会到了上天的话里所蕴含的深意，她不再只盯着丈夫的缺点，不再因为丈夫的过失而发火指责，不再失去内心的平静，始终温柔、包容。最终，她不仅改变了自己，也彻底改变了丈夫，丈夫成了她期望中的样子。

期待别人改变是一件困难的事，改变自己却要容易得多。抱怨、指责的时候不仅影响了自己的心情，也容易造成逆反心理，得不偿失。用行动去影响对方，用态度去感染对方，没有人能抵抗爱的魔力。棍棒改变不了人，恶语改变不了人，唯有爱的包容和理解能改变人。

有一对年轻的夫妻天天吵架，男主人非常痛苦，但是他发现住在对门的一对老夫妇整天同进同出，恩爱如初。

年轻人好奇地询问老先生：“我和太太天天要吵架，请问你们夫妻多年，始终相敬如宾，有什么相处之道吗？”

老先生的回答让人费解："原因是你们两个都是好人，而我们两个都是坏人！"

年轻人有点生气："我真心请教，你却开玩笑。"

老先生解释道："你们两个凡事都认为自己是正确的，认为自己是好人，错误的总是对方，所以有了矛盾，总是手指向外，指责对方，能不吵架吗？而我们两个从结婚开始，一有矛盾发生，都认为错在自己，自己是坏人，找自己的原因，手指向内，反省自己的问题，所以总是吵不起来呀。"

要想婚姻之花常开不败，最好的办法就是互相关爱。爱不计较先后，也不计较厚薄，我们不必问"你到底爱我有多深，爱我有几分？"，而要常问"我到底爱你有多深，爱你有几分？"。不要质问对方"你为什么总是不关心我？"，而应问问自己"我今天关心你了吗？"。不要总是想着收获爱而忘记付出爱。爱是相互的，如果每个人都等着对方先付出，那还叫爱吗？当初我们拥着浪漫与激情走进婚姻的殿堂，为的是享受爱情的幸福而不是忧伤。

·成事要点·

　　曾经有一位婚姻关系学家说："丈夫只要懂得称赞妻子的旧衣服漂亮，她就不会吵着买新衣服；亲一下她的眼睛，她就会变成盲人；吻一下她的嘴唇，她就会变成哑巴。"同样，妻子多称赞丈夫的才能，他就会更加努力地工作；温柔地抱他一下，他就不会怒火冲天；吻一下他的嘴唇，他就不会恶言相向。因此，学会成就彼此，我们就一定能和所爱的人相伴到老！

妥协未必是弱者，适时转身是智慧

一位事业有成的女强人说："其实，婚姻中的转身思维很重要。"这样的话出自强势的她，让人不由得感到惊讶。她解释道："转身并非一种怯懦软弱的表现，而是一种更超然的方式，是关于妥协的艺术，是许多人都应该思考的课题。"

幸福的夫妻也会发生争执，那是因为在乎对方，想离对方更近，所以才需要不断地磨合。只不过幸福的夫妻情商都比较高，他们懂得在关键的时刻举起"免战牌"，适时转身，明智地妥协。两个有着不同性格的人，组成家庭以后，假如试图彻底改造对方，到头来只能落得两败俱伤，所以说，婚姻是一门"转身"的艺术。

遇到一个值得爱的人并不容易，千万别总是想着如何控制对方或者改造对方。其实，在争执中学会转身，并不代表示弱，而是一种宽容的表现。在现实生活中，夫妻间每天都要面对一些琐碎的事情，只有坦然面对，学会妥协和宽容，进行必要的感情交流，才能使婚姻走得更远。

与强制对方为自己做出改变相比，认识自己、改变自己更加重要。这是一种充满智慧的方法，因为它蕴含着宽容、积极的因素。因此，当争执和矛盾出现的时候，一定要先反省自己，认识到自己的错误，然后向对方做出妥协。另一半看到你的改变，自然也会跟着改变，不会再继续纠缠下去。

梅的丈夫是一个懂得收拾自己的人，每天出门总是穿得很养眼。梅的朋友们看到他后都说："看你老公收拾得多利索，一点都不像四十岁的人，他在家里做事一定也干净利索吧？"其实，梅知道，丈夫不过是擅长打扮自己而已，他有很多不尽如人意的地方，外人根本就不知道。如他特别挑食，而且他不喜欢吃的东西，别人也不能吃。土豆和黄瓜他不吃，可梅和孩子偏偏爱吃这两样。梅也想过彻底改造丈夫，可是她发现这已经是丈夫根深蒂固的习惯，实在没有办法改变。于是，她放弃了改造的想法，选择了妥协。而且，丈夫总是喜欢随便乱放东西。下班回家，他会随手就把衣服、皮包放在床边、沙发上。梅也想说服他改掉这个毛病，但他总是转头就忘，梅就只好跟在后面收拾。

当然，梅也有让丈夫不满意的地方。如梅做饭后，厨房里总是一片狼藉，丈夫也是跟在梅的后面收拾。他们之所以会有美满幸福的生活，正是因为他们懂得包容对方生活中的一些小缺点。

爱应该保持一种超然的态度，该转身时就转身，给对方一个喘息的空间，你便能得到一份轻松自由的爱情。宽厚、大度才是美满婚姻的基石，婚姻生活不可能每一天都尽如人意，但只要彼此都愿意付出努力、不再执拗，就能看到彩虹。

转身这个动作，可能从跌跌撞撞学习走路的那天起我们就会了，可就是这个简单的动作，结婚成家后反而被我们遗忘了。一个人执拗地在婚姻中前行，不顾一切地往前走，认为自己的骄傲不允许自己转身，就算前方是悬崖，再迈一步将会危及生命，也依然执拗地向前，这只会阻碍你获得幸福。

美满的婚姻有两个最重要的法宝：一是尽量减少冲突，当冲突不可避免之时，要学会转身；二是不要试图成为赢家，夫妻之间不存在胜负，要么双赢，要么两败俱伤。

·成事要点·

　　转身不代表无能和退缩，而是识时务的明智表现；转身不是举手投降，而是另一种胜利的开始；转身不是一个简单动作，而是为自己赢得美好生活的智慧。美满的婚姻，应该是彼此共赢的事业，需要两个人用爱情滋润，用温暖的亲情抚慰，用博大的胸怀包容。如果每一对夫妻都懂得"转身思维"，那家庭中会充满和谐的声音。

不要用钱来衡量幸福

相信不少人都碰到过这样的事：在约自己的朋友出去玩的时候，朋友愁眉不展、一脸痛苦地回答说："没钱怎么玩？"听到这样的回答难免会不好受。没钱怎么玩？这似乎已经成了时下某些人的口头禅。人们不禁会提出这样的疑问：没钱，难道就没有享受幸福的权利吗？

答案自然是否定的。在一定范围内，金钱能够带来幸福感，但是否幸福不是由金钱的多少决定的，因为金钱并不与幸福直接相关。举个例子，看过《红楼梦》的人都知道，其中的人物没几个是因为穷而痛苦的，倒是公子小姐们在痛苦中煎熬。

所以我们说，穷人有穷人的生活乐趣，富人有富人的痛苦。每个人都有自己的生活方式，快乐与否不在于金钱的多寡，而在于以何种心态来对待自己的生活。

曾在某杂志上看过一个感人的故事：

一个冬天的下午，一男一女两个盲人进了一家小商店，男的拄着一根导盲棍，牵着女人的手，两个人都是三十出头的年纪。这时候，店员注意到了他们沾满泥水的脚上竟然没有穿袜子，缩在破旧鞋子里面的脚丫已冻成了青紫色。

两人摸索着移到柜台前，说："你好，我们想买两双棉袜。请拿给我们，好吗？我们有钱。"说完，就将手伸进破棉袄里掏了一把零钱出来。店员数了数这些被揉皱的零钱，对他们说，这点钱只够买一双袜子。

男人有点为难，站在他身边的女人伸手拉了拉他的衣角，说："你腿脚不好，要不咱给你买一双算了，我就不要了。"

男人则说："说什么呢？我是个男人，冷点没关系，我看还是给你买一双吧。麻烦拿一双颜色好看一点的袜子。"

店员给他们拿了一双绿色的袜子，男人用手抚摸着说："手感还不错，质量一定好。请问这袜子是什么颜色的？"店员告诉他是绿色的，他听了摇了摇头，说："还是拿双红色的吧，我老婆穿红色的好看。"

他的话让店员愣住了，当店员把一双红色的袜子递到男人的手中后，看到了令他感动一生的一幕：紧紧牵着丈夫衣角的女人将那双男人刚刚递给她的红棉袜捂在自己的脸上，用鼻子闻了又闻，那张被冻得青紫的脸庞上，竟然泛起了红晕。同时，在她那双含泪的眸子里，流露出了无比的感动与幸福。

男人蹲下身子，将女人脚上那双沾满泥水的鞋子脱下来，用自己破旧的衣襟给女人擦脚，还帮她擦掉沾在鞋子上的泥水，然后才将红袜子小心地穿在她的脚上。之后他站了起来，摸索着用手帮女人理了理被风吹乱的头发，并仔细地给她系好围巾，说："这下好了，脚不冷了。"女人则满足地点着头，由男人牵着走了。听着渐渐远去的导盲棍的嗒嗒声，店员站在柜台里久久没回过神来，心想：谁说没钱就没权利享受幸福？

有专家指出，生活中一些人之所以赞同没钱就没权利享受幸福的观点，是因为他们没有唤醒自己的幸福。当一个人的生活过于平淡时，幸福就沉睡过去了。这个时候，就需要一些举动来刺激它一下，将它唤醒。

两个老奶奶拄着拐杖在街头相遇，她们聊起天来。一个说："我这辈子太不幸了，爱过几次，但总不能和心爱的人结婚。"另一个说："我这辈子没爱过谁，平平淡淡地过了一辈子。"谁更幸福？

人们都说："当然是第一个。第一个老奶奶的情感经历丰富，虽然有痛苦，但在痛苦之前，一定有爱的感觉。第二个老奶奶虽然没有痛苦，但也失去了爱的感觉。生活没有了刺激，就没有了生命力。"

有时候，工作了一天，走在繁忙的街道上，放眼望去，除了来来往往的车辆，就是行色匆匆的路人。而当我们穿过地下通道的时候，会猛地被一阵阵动听的歌声吸引。这些唱歌的人在城市的各个角落，他们或是追求心中的理想，或是寻找刺激。但是，他们多数都认为，自己主要不是为了挣钱，而是为了体验生活，唤醒幸福，享受幸福。

"吃得苦中苦，方为人上人"是很多人鼓励自己的人生格言。但是，我们也要想一想：为出人头地付出如此代价，到底值不值得？它们能否给自己带来幸福？深思熟虑后，我们会发现，原来有钱和没钱在幸福面前并不重要，重要的是，是否意识到，无论何时，我们都拥有享受幸福的权利。

· 成事要点 ·

世上比金钱美好的东西很多，幸福并不是靠金钱才能获得的，幸福的指数也不是靠金钱来衡量的。钱财乃身外之物，要看淡些才是。